U0341687

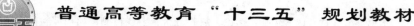

普通高等教育"十三五"规划教材

无损检测原理及技术

陈文革　主编
赵　康　审稿

北　京
冶金工业出版社
2022

内 容 提 要

本书共分 8 章，内容包括：绪论、缺陷分析、射线检测、超声波检测、磁粉检测、涡流检测、渗透检测和无损检测新技术等。

本书重点介绍了五大探伤方法的原理、检测技术方法、检测结果分析和应用特征。针对教学内容书后配有适量习题和答案。

本书可作为大专院校材料科学与工程专业教学用书，也可作为机械、检测等在职无损检测人员培训的教材，还可供从事工程设计、技术管理、安全防护管理人员和广大无损检测工作者参考。

图书在版编目 (CIP) 数据

无损检测原理及技术/陈文革主编. —北京：冶金工业出版社，2019.2
(2022.7 重印)

普通高等教育"十三五"规划教材

ISBN 978-7-5024-8025-7

Ⅰ. ①无 …　Ⅱ. ①陈 …　Ⅲ. ①无损检验—高等学校—教材
Ⅳ. ①TG115.28

中国版本图书馆 CIP 数据核字 (2019) 第 015707 号

无损检测原理及技术

出版发行	冶金工业出版社	电　话	(010)64027926
地　址	北京市东城区嵩祝院北巷 39 号	邮　编	100009
网　址	www.mip1953.com	电子信箱	service@mip1953.com

责任编辑　郭冬艳　美术编辑　吕欣童　版式设计　禹　蕊
责任校对　郭惠兰　责任印制　李玉山
三河市双峰印刷装订有限公司印刷
2019 年 2 月第 1 版，2022 年 7 月第 3 次印刷
787mm×1092mm　1/16；11.5 印张；276 千字；172 页
定价 28.00 元

投稿电话　(010)64027932　投稿信箱　tougao@cnmip.com.cn
营销中心电话　(010)64044283
冶金工业出版社天猫旗舰店　yjgycbs.tmall.com
(本书如有印装质量问题，本社营销中心负责退换)

前　　言

随着科学技术的发展，人们对产品质量越来越重视，无损检测就是用来保证产品的使用寿命、工艺优化和可靠性的一门科学技术。在当今倡导工业4.0和人工智能的背景下，无损检测必将发挥重要的作用。

人们知道，机器零件或材料中有缺陷是不可避免的，能不能检测出来则取决于选用的方法和个人的技术水平。无损检测就是针对工业产品展开的非破坏性诊断，达到防患于未然、延长使用寿命的目的。本书不仅介绍了无损检测的概念、发展状况、应用特点和在国内外工业中的地位等，还介绍了各类缺陷的种类和形成原因，射线、超声、磁粉、涡流、渗透等常用的五大探伤原理和技术，也列举出近年来出现的诸如全息照相、磁记忆探伤、声发射探伤等新型探伤技术。最为重要的是本书把苦涩的原理和应用技术结合起来，可激发学生的探究欲望和学习兴趣，使其很快掌握一门学完马上就能用的专业技能。可以说，该书讲解全面、内容丰富、概括性强、适用范围广、易学好懂。

无损检测是大材料专业必修的一门专业课。不仅是对材料专业知识的拓宽，更使学生多掌握了一种工程技能，为今后毕业提供更多的就业机会和发展方向。目前，市面上的相关教材由于专业性质过于强，内容比较单一，很难适用于当前"宽口径，轻深度"的办学理念，也没有一本概括性强、内容系统完整的教材来满足在有限时间内对这一科目体系阐述的书籍。编者根据近20年的教学经验，分析目前所用参考教材内容的不足；针对该行业的需求以及学生应该掌握什么知识才能到该领域施展才华，组织编写了本教材。

本书由西安理工大学陈文革教授编写，赵康教授审核。编写过程中得到西安交通大学的张晖教授、西安建筑科技大学王发展教授、北方民族大学沈宏芳副教授、西安航空学院丁旭教授的大力支持，研究生周凯、冯涛协助校对整理，在此一并表示感谢。

　　鉴于编者水平有限和时间仓促，书中不妥之处在所难免。恳请同行和广大读者给予批评指正。

编　者

2018 年 10 月

目　　录

1 绪　　论

1.1　无损检测的概念

无损检测是什么？从字面上讲，就是无需经过破坏，就能检测出材料、设备或工件中存在的问题。正如我们熟悉的中医上的"望、闻、问、切"，西医的 B 超、透视，对陶器、瓜果，乃至列车车轮的敲击等，通过听音辨别是否存在成熟、裂纹或者缺陷等，都属于无损检测。

无损检测是在不损伤和破坏被检材料、工件或设备的情况下，探究其内部和表面有无缺陷的手段。也就是利用材料内部结构的异常或缺陷的存在所引起的对热、声、光、电、磁等反应的变化，评价结构异常和缺陷存在及危害程度。

无损检测常有三种简称：

（1）NDT：Non-destructive Testing（无损检测）；

（2）NDI：Non-destructive Inspection（无损检查）；

（3）NDE：Non-destructive Evaluation（无损评价）。

1.2　无损检测的作用及特点

1.2.1　无损检测的作用

无损检测的作用或目的包括以下几个方面：

（1）改进制造工艺。人们按规定的质量要求制造产品时，为了要知晓所采用的制造工艺是否适宜，可先根据预定的制造工艺制造试制品，并对其进行无损检测。在观察检测结果的同时改进制造工艺，并反复进行试验，最后确定满足质量要求的产品制造工艺。例如，为了确定焊接规范，可根据预定的焊接规范制成试样，进行射线照相，随后根据探伤结果，修正焊接规范，最后再确定能够达到质量要求的焊接规范。按照各种无损检测手段所具有的特征，并熟练地运用这些手段，就能很容易地改进制造工艺。

（2）降低制造成本。进行无损检测，往往被认为要增加检查费用，从而使得制造成本也提高了。可是如果在制造过程中间的适当环节正确地进行无损检测，可防止无用的工序，从而降低制造成本。例如，如果在焊接完成后再检测发现有缺陷，需要返工修补。而返工需要许多工时或者很难修补，因此可以在焊接完工前的中间阶段先进行无损检测，确实证明没有缺陷后，再继续进行焊接，这样焊接后就可能不需要再进行修补了。这也是一个应用无损检测降低成本的例子。

如上所述，看起来进行无损检测要耗费一定的工时，似乎使制造成本提高了。但若考虑由于不进行无损检测而造成修补和返工所需的工时，无损检测的费用就微不足道了，相反使产品的成本降低。

（3）提高可靠性。可靠性的定义根据产品的种类、使用目的的不同而有所不同。就一般工业产品而言，可以理解为：在规定的使用条件下，在其使用寿命内，产品的部分或者整体都不发生破损，而且在满足所需的性能条件下，能够运转的时间与预期的使用寿命的比率（亦称利用度），这一概念就作为衡量可靠性好坏的大致尺度。这里，引起产品的部分或者整体破损而不能满足预期性能的原因，有设计方面的问题，有材料方面的问题，有加工方面的问题，也有完全意外的自然因素或者不能预计的灾害等问题；可以针对其发生的原因，采取措施，尽量降低它们的发生概率。

为此所采取的措施之一就是进行无损检测，即从原材料的无损检测开始，到最终成品的无损检测位置。通过一系列的检测，判定设计的好坏、原材料的好坏、周遭工艺的好坏，并找出可能引起破损的因素，随后加以改进，尽量减少其发生损坏的概率。

1.2.2　无损检测的特点

材料无损检测技术主要用于未知工艺缺陷的检验。它是对破坏性检验的补充和完善。其特点为：

（1）非破坏性。指在获得检测结果的同时，除了剔除不合格品外，不损失零件。因此，检测规模不受零件多少的限制，既可抽样检验，又可在必要时采用普检。因而，更具有灵活性（普检、抽检均可）和可靠性。

无损检测是在不损伤和破坏材料、机器和结构的情况下，对它们化学性能、力学性能以及内部结构等进行评价的一种检测方法。为了评价它们的性质，作出一定的判断，必须事先对同样条件的试样进行无损检测，随后再进行破坏性检测，求出这两个检测结果之间的关系。无损检测是在大量破坏性检测的基础上总结归纳出来的规律。NDT 的优点是可直接检测；既能抽检也能全检；可对正在使用的零件进行检测；可测量使用累积的影响；不必制样；可应用于现场；可重复试验，成本低。缺点是对操作人员要求高；检测结果因人可能不同，需进行大量证明，可靠性差；原始投资较大；检测结果是定性的。

（2）可靠性。无损检测是把一定的物理能量加到被检物上，再使用特定的检测装置来检测这种物理能量穿透、吸收、反射、散射、漏泄、渗透等现象的变化，来检查被检物有没有异常，这与被检物的材质、组织成分、形状、表面状态、所采用的物理能量的性质，以及被检物异常部分的状态、形状、大小、方向性和检测装置的特性等有很大关系。一般来说，不管采用哪一种检测方法，要完全检测出异常部分是不可能的。故为了尽量提高检测结果的可靠性，必须选择适合于异常部分性质的检测方法检测规范。

（3）无损检测方法和检测规范的选择。基于上述目的，必须预计被检物异常部分的性质，即预先分析被检物的材质、加工种类、加工过程或使用经过，必须预计缺陷可能是什么种类，什么形状，在什么部位，什么方向，确定它们的性质，随后再选择最适当的检测方法。

（4）互容性指检验方法的互容性。指用不同的检测方法可检测同一零件。

（5）动态性，这是说，无损探伤方法可对使用中的零件进行检验，而且能够适时考察产品运行期的累计影响。因而，可查明结构的失效机理。

（6）严格性指无损检测技术的严格性。首先无损检测需要专用仪器、设备；同时也需要专门训练的检验人员，按照严格的规程和标准进行操作。

（7）无损检测的实施时间。无损检测选择的时间必须是评定质量的最适当的时间。如焊接件的热处理，在热处理前检测就是针对焊接工艺产生的缺陷，而在热处理后检测则是针对热处理工艺产生的缺陷。检测次序的不同导致评定目的差异。再比如对一零件是在每道工序结束后检测还是最后检测目的完全不同，前者主要检测各个工序的合理与正确，而后者则是产品的质量。

（8）无损检测结果的评定。

1）无损检测的结果只应用来作为评定质量和寿命的依据之一，而不应仅仅根据它作出片面的结论，即同一零件可同时或依次采用不同的检验方法，而且又可重复地进行同一检验。这也是非破坏性带来的好处。

2）利用无损检测以外的其他检测所得到的结果，使用有关材料的、焊接的、加工工艺的知识综合起来作出判断。

3）要区别可以允许的缺陷和不可允许的缺陷，不要用无损检测去盲目追求要求过高的那种"高质量"。

4）不同的检测人员对同一试件的检测结果可能有分歧。特别是在超声波检验时，同一检验项目要由两个检验人员来完成，需要"会诊"。

1.3　无损检测的基础

1.3.1　材料的物理性质

（1）在射线辐射下呈现的性质；
（2）在弹性波作用下呈现的性质；
（3）磁学性质、热学性质以及表面能量的性质。

1.3.2　缺陷种类及产生原因

不同加工方法所引起的缺陷种类及其产生原因

（1）压延件
　　板材：分层裂纹、条状裂纹、夹杂物、皮下气孔、纵向裂纹、横向裂纹、龟裂、边缘裂纹、线状缺陷、鳞状折叠、耐火材料夹杂、龟壳状缺陷
　　棒材：纵向裂纹、线状缺陷、折叠、夹杂、横向裂纹、耐火材料夹杂、缩孔、皮下气孔、过烧、鳞状折叠、皱纹
　　管材：外壁折叠、横向裂纹、纵向裂纹、外壁划痕、热处理裂纹

（2）锻件：非金属夹杂物、夹砂、夹渣、外来金属夹杂物、缩孔、龟裂、过烧、烧裂、磨削裂纹、疏松、白点、皱纹。

（3）铸件：针孔、气孔、夹砂、夹渣、密集气孔、冷隔、浇不足、裂纹、型芯撑、内冷铁。

（4）焊缝：裂纹、未焊透、夹渣、气孔、未熔合、咬边。

（5）维修检查中常见的缺陷：疲劳裂纹、应力腐蚀裂纹、摩擦腐蚀、空化侵蚀、热应力裂纹。

1.3.3　各种缺陷对材料强度（性能）的影响

各种缺陷对材料强度的影响可从以下几方面进行评定：

（1）原材料和焊缝所处的应力条件和环境条件；

（2）缺陷的位置和方向；

（3）材料有缺陷部位的厚度；

（4）原材料和焊缝的力学性能；

（5）有缺陷部位的残余应力情况；

（6）各种使用条件下的性质。包括：静态强度、蠕变断裂强度、疲劳强度（拉伸、扭转、弯曲等）、抗脆性断裂性能、耐腐蚀性（包括对应力腐蚀的敏感性）、耐泄露性。

由于缺陷与材料强度的关系极为重要，只靠试样来进行的各种试验研究的结果是不能解决问题的。如果将强度试验结果作为重要的判断基础的话，则应将试样各方面的条件做得尽可能地接近于实物。

1.4　无损检测技术人员的任务

（1）预防机器和结构物在使用中由于损坏而影响到人身安全的大事故。即无损检测技术人员的责任极为重大。如果做了错误的检测和判断，则危及许多人的生命安全，并造成很大的经济损失。

（2）无损检测技术人员在自己的职责范围内，进行正确的检测和判断。而且，在相同的标准和规范下进行的无损检测，不论由哪个技术人员检测，都必须取得相同的评定结果。

（3）对无损检测技术人员的技术，需要经常保持一定水平，避免用拙劣的检测技术而做出错误的评定，使得无损检测的可靠性更加降低。为了达到这种要求，世界各国都实行无损检测技术人员的资格鉴定制度，以使无损检测技术水平稳定上升，检测结果的可靠性不断提高。

（4）不可为了重视无损检测，而采用过高的检测标准和判断标准，造成经济上的极大浪费。

上面已经反复讲了无损检测技术易受各种条件的影响，即使使用最高级的技术迄今还不能完全把缺陷检测出来。如再由于技术上不熟练或者进行检测时粗心大意，其结果就非常不可靠。用这种不可靠的结果来判定牢固程度，则其可靠性恐怕就更低了。无损检测技术人员必须充分理解这一点，充分认识到所担负的工作的责任重大，并努力去完成它。即从事实际检测的技术人员要正确使用锁定的无损检测方法，尽可能正确地查清缺陷，努力获得能做出正确判断的检测结果；而从事判断的技术人员必须以测得的检测结果为基础，按照关于应用标准和有关项目的工程知识，既不过严也不过宽，坚持做到稳当的评定和判断。对同一部位使用同一方法检测时，不论是谁在何时何地进行，其检测结果都应该一致。应该避免不当地强调工艺顺序、强调经济性而忽视无损检测。如果在这样的思想支配下进行检测和判断，而机器和结构物仍然安全可靠的话，则只能认为所应用的检验标准和判断标准对质量要求来说都是过高了。

今后对无损检测的要求将越来越多，越来越严格，因此应该认识无损检测的任务，并努力提高技术水平。日本无损检测协会规定的无损监测等级技术人员的专业类别和资格水平，分别见表 1-1 和表 1-2。

表 1-1 无损检测技术人员的专业类别

1 级	2 级
射线照相法探伤	射线照相法探伤
超声波探伤	超声波探伤
磁粉探伤	磁粉探伤
渗透探伤	渗透探伤
电磁感应检测	电磁感应探伤
应变测试	电阻法应变测试

表 1-2 无损检测技术人员的资格和水平

等级	资　　　格	技　术　水　平
特级	无损检测的计划和实施，决定执行标准，进行判断	对于全部无损检测方法具有充分的知识和经验
1 级	对所定专业的无损检测方法（以下简称本专业方法）做检测计划并加以实施，对装置的使用作必要的校正，做检测结果的解释和判断，做有关标准的解释，以及在检测时编写操作规程和撰写检测报告	对本专业方法具有充分知识和经验
2 级	对本专业方法的装置进行操作，在 1 级技术人员的指导下进行检测操作，但没有资格确定试验方法和判定是否合格	对本专业方法的装置和操作方法具有一般知识和经验

1.5 无损检测的分类及选用

1.5.1 无损检测的分类

无损检测主要可分为两大类：一类为缺陷检测，另一类为应变测试。

在缺陷检测中分为两类：第一类为内部缺陷检测；第二类为表层缺陷。内部缺陷检测方法主要有：射线照相法探伤（Radiography Testing，简称 RT）、超声波探伤（Ultrasonic Testing，简称 UT）。表层缺陷检测方法主要有：磁粉探伤（Magnetic Testing，简称 MT）、渗透探伤（Penetrant Testing，简称 PT）、电磁感应（涡流）检测（Eddy current Testing，简称 ET）和超声波探伤。

其他检测方法有：目视检测（Visual and Optical Testing，简称 VT）；声发射检测（Acoustic emission，简称 AE）；泄露检测（Leak Testing，简称 LT）；激光全息照相（Optical Holography）；红外热成像（Infrared Thermography）；微波检测（Microwave Testing）。

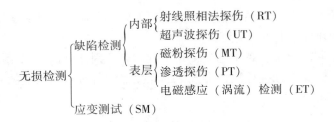

1.5.2 各种无损检测方法的选用

无损检测以不损害被检验对象的使用性能为前提，应用多种物理原理和化学现象，对各种工程材料、零部件、结构件进行有效的检验和测试，借以评价它们的连续性、完整性、安全可靠性及某些物理性能。包括探测材料或构件中是否有缺陷，并对缺陷的形状、大小、方位、取向、分布和内含物等情况进行判断；还能提供组织分布、应力状态以及某些机械和物理量等信息。各种无损检测方法的适用范围如下：

（1）原材料
- 板材——超声波探伤（UT）
- 锻件或棒材——超声波和磁粉探伤（UT 和 MT）
- 管材——五种方法均可（RT、UT、MT、PT、ET）
- 螺栓、双头螺栓和螺母——超声波和磁粉探伤（UT 和 MT）

（2）焊缝
- 坡口部分——渗透探伤（PT），发现分层裂纹时用（UT）
- 一般焊缝、纵向焊缝、圆周焊缝——射线和磁粉（RT 和 MT）
- 堆焊覆盖层部分——焊接前——磁粉探伤（MT）或用 PT；焊接后——超声波和渗透探伤（UT 和 PT）
- 压力容器整个焊缝——磁粉探伤（MT）

1.6 无损检测的地位、国内外现状和发展

1.6.1 无损检测在国民经济中的地位和意义

无损检测技术是现代技术科学的一个组成部分。随着现代科学技术的发展，它在国民经济各部门的应用越来越广泛，所起的作用也越来越大。现代工业部门对各种产品的质量、可靠性和安全性的要求也越来越高，如机械制造业、铁路和高速地面运输业、飞机制造业、造船工业、管道工业等等。由于无损检测技术的进步，使之产品质量提高，少出废品，对减少现场事故起着积极的作用。同样，通用电器工业、建筑工业、家具工业及食品工业等，由于采用无损检测技术而获得了好处。在宇航工业中，现代宇宙飞船制造的效率和可靠性在很大程度上已经实现了。这是由于有系统的精密的"可靠性和质量保险"的检查程序来保证。在这些检查程序中，虽然有多种检查方法，但无损检测法却是一个很重要的方面。在国防工业中，战斗机的零部件，武器及炸药的检验等都要应用无损检测。据记载，国际上许多重大事故的发生，如飞机坠毁、船舶沉没、锅炉爆炸和石油管道破坏等，

往往是由于材料本身具有缺陷或零件在加工过程中（如铸造、焊接、热处理和机械加工等）产生缺陷造成的。或者说，设备在运行中的事故，多是由于小缺陷发展成为危险缺陷而没有得到及时发现所造成的。

如美国 1968 年和 1970 年发生的石油输送管道事故分别为 499 次和 347 次，其中由于管体本身存在缺陷所引起的事故分别占 10.6% 和 9.3%，又如 1972 年至 1973 年日本的石油化工厂发生的 13 起爆炸事故中，由于机械或管道本身而造成的占 80% 等等。可见，无损检测对于检测和监控一些材料、重要部件或组件的缺陷，防止重大事故的发生起着越来越大的作用。

工业发达国家，对无损检测很重视。一个国家的工业发展水平，不仅体现在生产规模和产品种类上，同时也体现在产品质量指标上。高质量的原材料和产品，可节省大量的人力和物力，避免许多不必要的浪费。据第十五届欧洲经济共同体组织质量检测会议指出，各国由于某些材料和部件的质量低劣，而使社会产品损失约占 50%。无损检测就是同这种浪费作斗争的强有力的手段。对它的重视和发展，不仅可使许多制造部件的部门生产过程完全自动化，以提高产品质量和劳动生产率，从而获得许多经济利益，而且也影响到科学技术进一步发展。如奔驰（Benz）汽车厂，汽车操纵部分的零件和所有安全件都经过 100% 的无损检验，他们的产品在国际市场上就以高价出售；如果一个钢厂装备一台年处理能力为五十万吨的钢坯裂纹自动检查装置，用于生产工艺控制，根据检测结果自动控制缺陷磨削量，仅此一项一年就可节省二百多万马克。在美国的传统工业部门，用于质量检测的费用平均占出厂产品价值的 1%~3%。而在国防，原子及宇航等工业部门，其费用增至 12%~18%。用在造船业焊接检测上占部件和原料的检测总价值的 5%；用在火箭制造上的焊接检测占总价值的 20%；用在住宅和工业多层建筑（摩天楼）的占 1%~1.5%，用于远距离铺设大口径管道中占 1%~1.5%；用于锅炉生产制造占 1%~2%。上述费用，由于在各生产和验收的各阶段采用了无损检测，从根本上提高了产品质量和可靠性，很快就得到了补偿。例如，用于电子技术产品上的无损检测费用的回收期限短于生产设备回收期限五至十倍。目前，在世界范围内，无损检测技术用于钢铁半成品的检验越来越广泛，其经济效果也十分明显。上述事实告诉我们，无损检测在工业各部门的应用，具有巨大的经济效果，而且在先进科学技术中所占的比重也越来越大。

高温、高压、高速度、高效率是现代工业的标志，而这是建立在高质量的基础之上的。现在，在工业发达国家，无损检测技术在产品的设计、研制生产、使用部门已被卓有成效地运用。有人说，现代工业是建立在无损检测基础之上的，此并非言过其实之词，美国前总统里根在给美国无损检测学会成立 40 周年大会的贺信中就说过："你们能够给飞机和空间飞行器、发电厂、船舶、汽车和建筑物等带来更大程度的可靠性。没有无损检测我们就不可能享有目前在这些领域和其他领域的领先地位。"诚然，我们还难以找到其他任何一个学科分支其涵盖技术知识之渊博，覆盖基本研究领域之众多，涉及应用领域之广泛能与无损检测相比。

1.6.2 国外无损检测概况

美国具有非常强大的无损检测技术队伍，实施范围广泛而多样化的研究计划，如国家科学基金会、国防部、能源部、国家标准局等，都通过拨款和签订合同等形式促进无损检测与评价技术的研究，其中最负盛名的是宇航局（NASA）和电力研究院（EPRI），其他如西屋电气公司、洛克威尔国际公司、联合技术公司、福特汽车公司以及通用电器公司等都有很强的实力。

根据 1998 年美国无损检测学会（ASNT）公布的材料，全美有 100 多所高等院校开设无损检测与评价课程，其中 62 所大学本科院校每年选修有关无损检测技术课程的人数达 2072 人，有 28 所院校招收硕士研究生，23 所院校招收博士研究生，有 44 所大学专科院校每年选修有关无损检测技术课程人数达 2055 人。有 5 所军事高等院校每年选修有关无损检测课程人数达 2035 人。很多高等院校都开展无损检测与评价技术的研究工作，比较闻名的如伊阿华州立大学、霍普金斯大学、俄亥俄州立大学和斯坦福大学等都建有无损检测与评价研究中心。

德国是工业发达国家中在无损检测与评价技术方面比较先进的国家，它有 3 个政府与工业部门联合得非常好的中心。一个是杜塞尔多夫市的德国钢铁工程师协会企业研究所，一个是萨布吕肯市弗郎霍夫无损检测研究所，另一个在柏林，柏林的联邦材料研究检验院（BAM）是德国无损检测技术研究的中心，规模最大。德国在超声检测技术数显化的计算机化，X 射线恒压高频技术照相以及磁粉探伤自动化等方面具有高水平。德国的很多研究工作重点是将先进的无损检测与评价技术应用于各工业部门，力求使检测工艺达到最优，并使其自动化。德国约有 60 家公司生产无损检测仪器和设备，产品中有相当部分在世界上处领先地位。

俄罗斯在超声、涡流、射线和电磁无损检测以及材料物理性能和力学性能评价方面是相当先进的，特别是基础研究工作比较深入。在声发射监控方面已赶上西方国家。在役零件和装置的腐蚀检测方面非常突出，超过美国，在超声换能器研究、射线辐射源研制等方面都有很大进展。

工业先进国家都把有无无损检测部门和是否有一定数量持有等级资格证书的无损检测人员的质量保证体系来确定是否最后认可该企业的产品质量，目前，美国、英国、法国、德国、俄罗斯、日本、匈牙利、西班牙和澳大利亚等国家，都设有无损检测的教育和培训的机构。其中，美国的教育培训工作开展得较好，发展较快。这主要是美国无损检测学会（ASNT）的地方组织和该学会的教育理事会对于教育培训工作发挥了积极的作用。培训的学员很广，主要来自工业公司，管理机关，设备制造厂和学术研究机关等。教育形式基本上与英国相同，采取不同的形式，提供不同的教育水平。现存的全日制教程是为着培训无损检测各部门的合格操作者，并颁发证书，另外一些课程用于培训工程师和科学家，作为他们考取学位大纲的一部分。

上述国家也都设有无损检测学会或协会等专业性的学术组织，主持本国的无损检测出版刊物、交流情报、培训人员等。其中美国无损检测学会组织比较完善，有关活动开展得比较好，为无损检测技术的发展起到了积极的作用。美国无损检测学会成立于 1941 年，它的主要目的是通过教育、研究和出版刊物来促进无损检测方面科学技术的发展，交流有关方面的情报。美国无损检测学会下设两个理事会：教育理事会和技术理事会。每个会员都可以参加这两个理事会的主要活动。技术理事会的任务是促进无损检测技术的发展，教育理事会的任务是促进无损检测的教育和培训工作的发展。技术理事会下设六个部：工业部、方法部、人员资格证书部、研究部、技术出版部和运输部。各部还下设若干个委员会，如方法部下设有八个委员会：声发射委员会、电磁委员会、全息术委员会、红外热法委员会、泄漏测试委员会、射线委员会、声学委员会、渗透委员会。各部及委员会与美国其他的技术协会都有联系，定期或不定期地举行会议，发展和利用无损检测技术。

1.6.3　中国无损检测的状况

中国是世界文明古国，对科学技术的发展有过伟大贡献，中国古代科学技术文化遗产中就有不少应用无损检测技术的记载，从中可以看出中国古代早已具有朴素的无损检测科学思想。

在中国先秦时期的《考工记》、《墨经》等著作中，记载着光学、力学和声学的物理学知识，从而使无损检测的朴素思想可以追溯到远古时代。早在 2500 多年前，中国春秋时期的齐国有部重要的手工业工艺技术典籍——《考工记》，就记载着当时铜冶炼过程中用无损检测的方法控制铸铜质量内容："凡铸金之状，金（铜）与锡，黑浊之气竭，黄白次之；黄白之气竭，青白次之；青白之气竭，青气次之，然后可铸也。"这段文字准确地记载了铜冶炼时，通过观察烟气的颜色以确定冶炼的过程，即借助冶炼时烟气的不同颜色来判断被冶炼的铜料中杂质挥发的情况，从而判定铜水出炉的时机。这说明中国春秋时代就有朴素的无损检测技术应用，这与今天的红外测控技术何其相似。

根据声音频率的变化来判断物体内部结构是一种古老的检验方法。在中国明朝时期宋应星所著《天工开物》一书有如下记载："凡釜，即成后，试法以敲之，响声如木者佳，声有差音则铁质未熟之故，它日易损坏。"这种古老的声音检测方法，在今天质量检测中仍有广泛的应用。

中国无损检测事业正在日益蓬勃发展。无损检测的理念逐步为技术人员、管理人员、操作人员，乃至领导决策人员所广泛接受，而且检测理念从单纯发现缺陷为目的发展到以无损评价和质量控制为目标。无损检测专业队伍日益壮大且素质不断提高。

检测相关理论和新方法、新技术的研究和引进，检测仪器的智能化、自动化、图像化，新型无损检测仪器和器材的研究开发，检测标准化和规范化，销售公司的成熟和实力的壮大，这些方面都紧跟国际上前进的脚步。虽然中国无损检测事业已经取得巨大进步，但就总体水平而言，与发达国家相比还有差距。新技术的研究和应用还不够普及，高级人才和研究生的培养还有较大差距，过度追求近期经济效益而使无损检测相关基础研究和应用基础研究的投入远少于美、日、德等国家。为确保中国无损检测技术的持续发展，这些问题必需引起重视。另一方面，无损检测对象的不断扩大和对无损检测要求的不断提高，提出了许多挑战性的问题。

无损检测的发展水平是国家工业发达程度的重要标志，也是工业产品质量控制的重要技术手段，并且是无可替代甚至还可能有效替代其他检测技术的一种质量控制手段。"中国制造 2025"的核心之一就是"质量为先"，无损检测必然是实现工业 4.0 中不可或缺的技术之一。从目标来看，工业 4.0 对无损检测的基本要求，主要涉及如下三个方面：

（1）数字化和自动化：这是对检测设备的要求，包括仪器的数字化和设备系统的自动化。

20 世纪 70 年代，德国、法国等发达国家就已经开发和应用了自动化无损检测设备和系统，涉及钢板、环焊缝、直焊缝的自动超声检测，涡流、漏磁、电磁分选的自动化，工业电视的半自动化，自动射线照相机械手等方面。自20世纪80年代开始，国内企业竞相进口了自动化无损检测设备和系统，同时也开始了自主研发半自动化和自动化无损检测设备和系统。与发达国家相比，中国在自动化方面的起步虽然比较晚，但发展速度很快，目前在很多领域已经与发达国家差距不大。

20世纪70年代微机的问世和大规模集成电路的发展，也促进了无损检测仪器设备的计算机化。80年代起，国外陆续推出了各种类型的计算机化无损检测仪器设备，国内也开展了相应的研究和开发。90年代初，有学者就提出了要发展计算机化仪器或数字化仪器。至今，在无损检测仪器数字化进程中，中国基本上与发达国家保持相当的水平。

（2）智能化和无人化：这是对检测方法的要求，包括自动采集、通讯和评价检测结果。

数字化并不是智能化，数字化只是计算机化，并且对操作人员的要求依然很高。自动化也不是无人化，自动化只是在某些场合和某个阶段实现了无人操作。智能化不仅要实现无人操作，还要实现检测结果评价的无人化，就是要实现由机器代替检测人员来做检测并对检测结果做出评价结论，是无损检测全过程无人化。所以智能化的目标就是要开发出傻瓜机（就像数码照相机），可以自动校准和采集数据、实现数据通信、评价检测结果、给出评价结论。这其中需要解决一系列问题，包括如何采集数据、需要采集和处理哪些数据、如何评价检测结果、评价准则或依据是什么等等。

中国对智能化和无人化的开发和应用也在不断进步中，譬如将分析和评价软件应用于自动射线检测、超声检测机械手等，但还远远不够。中国已经开发和应用了很多新方法和新技术，但对检测结果的解释和评价，还是非常地依赖于检测人员的经验，这对于开发傻瓜机、实现智能化检测会是很大的障碍。

（3）标准化和统一化：这是对检测标准的要求，包括术语、方法、人员、机构等各方面。

无论是数字化时代或者电气化时代，还是未来的智能化时代，标准化和统一化都是基础。由于智能化时代将会充分利用互联网，交流面将会更加广阔，所以标准化和统一化将越来越重要，任何不标准或不统一的细节，都有可能会导致不良后果，甚至是障碍和纠纷。

标准是应用无损检测的主要依据，撇开标准就难以有效应用无损检测。因此，无损检测标准化程度，直接影响到无损检测应用的效果。标准化的目标就是统一化。对于无损检测标准化而言，其目标就是要让术语和方法达成统一。但在中国无损检测领域，术语和方法的不统一现象还是比较严重的。譬如，大家至今还在普遍使用甚至还在坚持滥用术语"缺陷"，而拒绝使用术语"缺欠"或"不连续"。但是，缺欠与缺陷的定义是不同的。缺欠对应的英文词是imperfection。缺陷对应的英文词是defect。在焊接标准中，焊接缺陷是指超过规定限值的缺欠。在无损检测术语标准中，缺陷是指尺寸、形状、取向、位置或性质不满足规定的验收准则而拒收的一个或多个伤，而缺欠（imperfection）、不连续（discontinuity）、伤（flaw）等术语也是各有定义的。根据定义，缺陷意味着不合格或不可验收，意味着拒收、召回或不得出厂。但无损检测所发现和记录的结果并不都是不合格或不可验收的，所以要慎用术语"缺陷"，尤其不要把合格或可验收的检测结果也都叫做缺陷。就像GB/T19000-2008（ISO9000：2005）的第3.6.3节所提示的那样：使用术语"缺陷"应当极其慎重。因此，出具检测报告时不要把不合格的数据说成是缺陷，要注意规避风险或不必要的纠纷；撰写研究报告，也要慎用术语缺陷，因为在可选用的各种术语中，缺陷的尺寸是最大的，所以能检测出缺陷并不意味着是有很高的检测灵敏度或检测能力。一定要准确使用术语，如果用词不当甚至还不以为然，让人感觉无损检测人员说话不靠谱，何谈无损检测的可靠性，哪来无损检测的地位和无损检测人员的地位。除了术语问题之外，方法标准的不统一现象似乎更加严重。目前中国涉及无损检测方法的标准数量巨大，国家标准和行业标准合计总数约 500 项。并且很多标准中的方法是同类的，譬如超声检测类方法标准，超过 150 项。存在的问题不仅是标准数量大，而且很多标准中的方法名称虽然相同（如都叫超声检测），但具体要求却各自不同，相互之间就无法比较，也无法交流和沟通。这样的标准本身就很不标准，这样的标准越多，制造的麻烦和障碍也就越多。

在教育与人才培养方面，目前中国已有高等院校正在试办无损检测专业，已有几届毕业生，取得了初步经验，已经和正在培养无损检测技术硕士研究生，并开始培养博士研究生。但由于中国教委专业目录和国务院学位目录中都还没有无损检测这个方向，因此，虽然工业生产部门迫切要求高等院校提供高级无损检测人才，而学校则无法名正言顺地进行培养，更谈不上像国外工业先进国家那样大规模地培养高级专用人才了。

中国无损检测人员的资格认证由中国无损检测学会（下设的 6 个技术委员会，即射线、超声、磁粉和渗透、电磁涡流、声发射和非常规）和 8 个有关政府机构或工业部门（国家质量监督检验检疫总局、交通运输部、信息与工业化部、环境保护部、中国民用航空总局、能源部、电力工业、船舶工业）的无损检测人员资格认证和考试委员会分别独立进行。据 2017 年底统计，各部门颁发的目前仍然有效的无损检测Ⅲ级人员证书达上万个，Ⅰ级和Ⅱ级人员证书共三万多个。中国无损检测学会目前采用 ISO 9712 标准进行人员资格认证。总部考试中心负责Ⅲ级人员的考试，授权的地方考试中心负责Ⅰ级和Ⅱ级人员考试，中国无损检测学会秘书处统一证书的发放和制作。其他开展无损检测人员考试和认证的 8 个主要政府机构和工业部门也各自制定了本部门的无损检测人员考核规则。

1.6.4　无损检测的发展动向及未来预测

当代无损检测最显著的特征是由传统的习惯实验室测试走向现场的自动检测，因此，国外无损检测的发展不仅在于采用新的、复杂的技术方法，也在于由手动检测装置朝着全自动检测装置的方向发展。全自动检测装置，由于检测时间大大减少，消除了手动操作所带来的因人而异的结果，大大提高了检测效率和准确性。从多方面来考虑，尽管这种装置生产成本较高，但在经济上仍是很合算的。因此，国外无损检测技术发展方面的工程设计、电子机械设计、信号处理、信息理论、计算机技术和控制论的进展是很快的。

无损检测的新方法主要有：声发射、红外热图法、质子散射照相法、高压射线照相法、纤维光学、全息照相法或干涉测量法、中子射线照相法、正电子湮灭检测法、图像的识别和合成、计算机处理等。这些新方法的发展体现了无损检测技术领域的不断扩大。另一方面，现有无损检测技术也在发展，即充分改进和利用现有检测技术，使其具有更高的可靠性，并扩大其应用范围。目前，这方面的工作有许多仍处于实验室阶段，如：利用超声速度测量来估计灰口铸铁的强度和铸铁中的石墨含量，利用超声衰减和阻抗测量来确定材料的特性，利用超声衍射、临界角反射率测量形变材料的各向异性、监控损害的危险程度、确定黏结强度、评价复合材料的均匀性和强度、鉴定涂层的黏结质量、测定内应力、估算由于机械负荷、腐蚀等造成的累积损伤及其发展等。在射线方面，一方面是常用的射线照相法的改进，另一方面是高压射线照相法的新发展，如几百万电子伏特的电子回旋加速器、几百万电子伏特的闪光射线照相、高清晰度的质子散射。

从系列化考虑，应该还要发展窄束的 γ 射线，低能量的 X 射线显微照相、短寿命的中子源和轻便的同位素探伤仪等。目前把正电子湮灭技术用于无损检测已经着手研究了。由于正电子对早期的机械损伤是敏感的，因而在微观和亚微观区域（如疲劳裂纹范围）的检测是有特殊价值的。它将会打开塑性形变、疲劳损伤、蠕变、放射损伤以及空洞形成的研究领域，提供研究氢脆材料机构中微观气泡形成发展的可能性。又如把穆斯堡尔（Mossbauer）光谱学用于无损检测可测量混合物中各种物相或组成物的相对含量、表面残余应力、表面薄膜结构和厚度等。这些新方法、新原理的采用，以及高度自动化、机械化、数字化和图像显示将使无损检测技术提高到一个新的水平。现有的无损检测技术能成功地说明材料结构和累积损伤的特征还是不多的，这方面还要做许多工作。值得高度重视的问题之一是操作者的疲劳，特别是对于那些从事手工操作的人员来说，尤其如此。应该发展操作简单的机械化装置、使得这种测试更有效、更可靠、更省力。由于自动化和机械化测试不能完全代替现有的手工测试，所以测试工具的改进和评价测试结果的方法就成为一个很重要的问题。

目前，有些无损检测方法在实验室的条件下使用，证明是可行的，但是，在工业现场中或在恶劣条件下使用就不能完成它们的任务，从而失去了设备和方法的可信度，因此，改进设备在各种条件下的可靠性具有重大的意义。总之，当代无损检测技术已经获得了广泛的应用，也越来越引起人们的重视，同时它还需要有坚实的基础理论作它的指导，为了发展它，理论和实践的结合是必不可少的。它的总目标是：

（1）充分利用现有无损检测的技术和材料的知识更好地认识材料的特征和物理状态，扩大其使用范围。

（2）改进和发展无损检测的工具使其能够在生产和使用中使检测程序自动化。

（3）寻找估价材料使用寿命耗竭程度和损坏的危险性的方法。

（4）提出现代无损检测中的技术规范和标准。

2 缺 陷 分 析

2.1 缺 陷 概 述

缺陷分析是无损检测的技术基础，主要解决两方面的问题：一是弄清缺陷的分类、性质、危害性；二是分析缺陷的产生原因，以便有效地识别缺陷，消除缺陷，提高工艺质量。

在材料加工成型过程中，经常会出现某种或某些不合乎质量要求的外观缺陷、性能缺陷、组织缺陷和更为严重的内部几何不连续型缺陷（如裂纹、孔洞、夹杂等）。我们把这些"冶金因素、结构因素、工艺因素"导致的产品质量不符合相关标准要求的各类缺陷统称为工艺缺陷。

2.1.1 工艺缺陷的分类

工艺缺陷种类繁多，产生原因也相当复杂。为了便于分析和处理工艺缺陷、制定检验工艺、方便技术交流，有必要对其进行分类。

（1）按技术内涵大体分为：

1）加工、装配缺陷。如焊件坡口角度、装配间隙不均匀，错边量过大等；

2）形状、尺寸缺陷。如工件变形、焊缝宽窄不一致、焊缝余高过大、表面塌陷、满溢、焊瘤等等；

3）几何不连续型缺陷。如焊件中的裂纹、孔洞、夹杂、未熔合、未焊透，铸件中的缩孔、疏松、裂纹等等；

4）组织、性能缺陷。如机械性能不良、耐腐蚀性下降、过热组织、脆性组织、偏析等等；

5）其他工艺缺陷。如飞溅、表面划伤、电弧擦伤、凿痕、磨痕等等。

（2）按工艺方法（工艺责任）分为：

1）焊接缺陷。因实施焊接工艺而引起的缺陷；

2）铸造缺陷。因实施铸造工艺而引起的缺陷；

3）锻压缺陷。因实施锻造、冲压工艺而引起的缺陷；

4）热处理缺陷。因实施热处理产生组织应力造成的缺陷。

（3）按缺陷性质不同分为：

1）裂纹。如冷裂纹、热裂纹、再热裂纹、层状撕裂、火口裂纹等；

2）孔穴。如缩孔、气孔等；

3）固体夹杂。如夹渣、夹钨等；

4）未熔合。如坡口未熔合、层间未熔合；

5）未焊透。如根部未焊透、中部未焊透；

6）其他缺陷。未包含在以上 5 种缺陷中的缺陷，如咬边、烧穿、焊瘤、电弧划伤等。

（4）按缺陷的埋藏深度分为：

1）表面缺陷。如表面气孔、表面裂纹、砂眼、咬边等；

2）近表面缺陷。如皮下气孔、夹杂等；

3）内部缺陷。如内部夹杂、气孔、缩孔、裂纹、未熔合、未焊透等；

（5）按缺陷的几何特征不同分为：

1）体积型。如孔洞、夹杂等；

2）面积型。如裂纹、未熔合、夹层等；

（6）按具体缺陷的位置特征又有不同的称谓：例如：

1）裂纹可分为：热影响区（HAZ）裂纹、焊缝裂纹、火口裂纹、焊趾裂纹、焊根裂纹等；

2）未熔合可分为：坡口未熔合、层间未熔合、根部未熔合。

（7）其他分类：

1）按裂纹走向不同有：横向裂纹、纵向裂纹、人字形裂纹、辐射形裂纹等称谓；

2）按裂纹尺寸不同又有：宏观裂纹、微裂纹等称谓；

3）按具体缺陷产生机理又有不同的分类，例如：焊接接头中的裂纹因其产生机理不同有：热裂纹、冷裂纹、再热裂纹、层状撕裂等；焊件中的气孔又分为：氢气孔、氮气孔、CO 气孔等等。

2.1.2 工艺缺陷的危害性（定性分析）

应该指出，处在同一位置上的不同性质的缺陷、或处在不同位置的同一性质的缺陷，其危害性是不尽相同的：

（1）对于同一性质的缺陷（即使数量、大小相同）有：

1）表面缺陷比内部缺陷危害性大；

2）高应力区的缺陷比低应力区的缺陷危害性大；

3）与主应力垂直的片状缺陷比平行主应力时危害性大；

4）应力集中区的缺陷比非应力集中区的缺陷危害性大；

5）对疲劳强度的影响比静载强度的影响大；

6）未发现的缺陷比已发现的缺陷危害性大。

（2）不同性质的缺陷危害性排序（从大到小）：裂纹，未熔合，未焊透，咬边，夹杂（条状），夹杂（圆形），气孔。应该强调，任何一种缺陷达到相当严重的程度都会造成危害，不仅会造成结构的破坏，甚至会酿成灾难性事故！尤其对于裂纹类缺陷工艺上是不能容忍的，必须彻底铲除！

（3）工艺缺陷产生危害的本质。使工件的有效承载截面积受到削弱，因而使实际平均应力增大。缺陷造成的几何不连续，导致局部应力集中！

1）引起缺口尖端的局部三向拉应力，使材料性能变脆，即产生缺口效应；

2）可能引起裂纹失稳扩展，造成低应力破坏（脆断）；

3）结构的应力集中点又容易引发疲劳裂纹，成为疲劳裂纹源；

4）应力集中区也容易加剧引起应力腐蚀开裂。

总之，材料强度越高、加工精度越高、对应力集中越敏感，工艺缺陷造成的危害越大。

（4）工艺缺陷的产生原因，这个问题十分复杂，需要具体问题具体分析。从总体上说，主要来自：

1）冶金因素。如化学成分、碳当量、杂质含量、冷却速度等等；

2）结构（力学）因素。如壁厚、应力集中、截面突变、约束应力等等；

3）工艺因素。预热条件、烘干温度、清理、环境湿度、规范参数等等。

2.1.3　工艺缺陷的辩证分析

（1）缺陷产生的绝对性。就是说，在实际生产中，要获得没有任何缺陷的产品，在技术上是相当困难的；要使成批生产的产品都没有任何缺陷，是不经济的，甚至是不可能的。

（2）缺陷评定标准的相对性。即"判废标准"的相对性。就是说，不同的产品或同一产品，往往因使用条件工况不同，对其质量要求也不同，因而，对工艺缺陷的容限，即"判废标准"也不尽相同。

（3）判废标准的制定原则。一般地说，产品质量等级越高、失效后危害性越大，对缺陷控制也越严格。因此，必须注意贯彻和参照有关标准，不能随意判废。即合格与使用的原则。

（4）工艺缺陷的修复。轻微的缺陷，不影响使用，是可以容忍的；严重的缺陷，不符合使用要求，则必须给予处理：有些缺陷能够及时修复；而有些缺陷则可能无法修复，产品就得判废！

2.2　典型工艺缺陷类别及原因

2.2.1　焊接缺陷及原因分析

焊接缺陷通常可分为工艺缺陷和冶金缺陷两大类，前者主要是指工艺成形方面的缺陷，如咬边、焊瘤、未焊透等；后者是由于焊接冶金过程的不完善而导致的缺陷，如气孔、热裂纹、冷裂纹等。

（1）裂纹。焊缝产生的裂纹可以大致分为在熔敷金属部分和热影响区发生的两种裂纹，包括热裂纹和冷裂纹。

热裂纹是在固相线附近的高温下，在焊缝金属或焊接热影响区中产生的一种沿晶裂纹。其中，发生在焊缝区的热裂纹是在焊缝结晶过程产生的，称为结晶裂纹。发生在热影响区的热裂纹是靠近焊缝的母材被加热到过热温度时，晶间低熔点杂质发生熔化而形成的裂纹，称为液化裂纹。两种热裂纹的产生都与晶界液膜（晶界存在较多低熔点杂质时形成）有关，形成晶界液膜后，当受到焊接拉应力作用时，晶界液膜被拉开而形成热裂纹。

冷裂纹是焊接接头在室温附近的温度下产生的裂纹。最常见的冷裂纹是延迟裂纹，即在焊后延迟一段时间才发生的裂纹。由于延迟裂纹在焊后不能立即发现，因此它是对焊接结构和工件危害性最大的一种焊接缺陷。

冷裂纹形成的三个基本要素：

1）焊接接头存在淬硬组织，是接头性能发生脆化。

2）焊接接头的含氢量较高，造成氢脆；并且氢通过扩散在某些焊接缺陷处聚集，形成局部高应力区而引发裂纹。

3）焊接接头存在较大的焊接应力作用。

（2）未焊透。指焊接时接头根部未完全熔透的现象，对于对接焊缝也指焊缝深度未达要求的现象。原因包括焊接电流小、熔深浅，坡口和间隙尺寸不合理，钝边太大，磁偏吹影响，焊条偏芯度太大，层间及焊根清理不良等。

（3）夹渣。该缺陷主要是指焊后溶渣残存在焊缝中的现象。夹渣产生的原因坡口尺寸不合理；坡口有污物；多层焊时，焊接层间清渣不彻底；焊接线能量小；焊缝散热太快，液态金属凝固过快；焊条药皮，焊剂化学成分不合理，熔点过高；钨极惰性气体保护焊时，电源极性不当，电流密度大，钨极熔化脱落于熔池中；手工焊时焊条摆动不良，不利于熔渣上浮。夹渣是由于焊条直径以及电流的大小选择不当、运条不熟练和前道焊缝的熔渣未清除干净等焊接技术不好所造成的。

（4）气孔。气孔缺陷是熔池金属中的气体在金属冷却结晶前来不及逸出，从而以气泡的形式残留在焊缝金属内部或出现在焊缝表面。由于焊条不干燥、坡口面生锈、油垢和涂料未清除干净、焊条不合适或熔融中的熔敷金属同外面空气没有完全隔绝等所引起的缺陷。

（5）未熔合。该缺陷是焊接界面没有充分融合产生的缺陷。其原因是运条不良、表层没有清理干净和预热不够等。

（6）咬边。是指沿着焊趾，在母材部分形成的凹陷或沟槽，它是由于电弧将焊缝边缘的母材熔化后没有得到熔敷金属的充分补充所留下的缺口。产生咬边的主要原因是电弧热量太高，即电流太大，运条速度太小所造成的。焊条与工件间角度不正确，摆动不合理，电弧过长，焊接次序不合理等都会造成咬边。直流焊时电弧的偏吹也是产生咬边的一个原因。某些焊接位置（立、横、仰）会加剧咬边。咬边减小了母材的有效截面积，降低结构的承载能力，同时还会造成应力集中，发展为裂纹源，如图2-1所示。

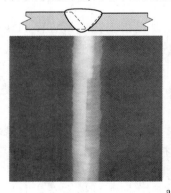
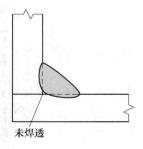

未焊透

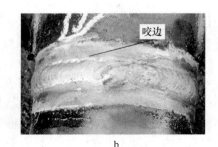

咬边

a

b

图 2-1　焊接缺陷

a—未焊透；b—咬边

（7）焊瘤：焊缝边缘上存在的多余的未与焊件熔合的金属（见图 2-2）。产生原因是焊接过程中，熔化金属流淌到焊缝之外未熔化的母材上所形成的金属瘤。

图 2-2 给出了几种典型焊接缺陷的示意图。

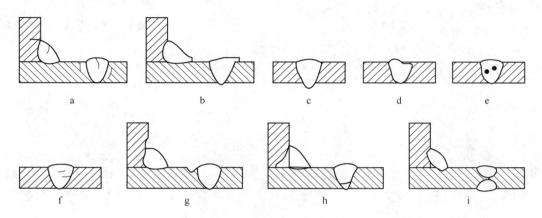

图 2-2　常见焊接缺陷示意图

a—裂纹；b—焊瘤；c—烧穿；d—弧坑；e—气孔；f—夹渣；g—咬边；h—未熔合；i—未焊透

2.2.2　铸造缺陷及其原因分析

铸件常见的缺陷有：砂眼、缩孔、毛刺、黏砂、冷隔及浇不足等。

（1）针孔、气孔。该缺陷是由于浇注液态金属在凝固过程中，其中的气体来不及逸出而在金属表面或者内部发生的圆孔（其中直径 2~3mm 的称针孔，大于 3mm 的称气孔）。

（2）夹砂。夹砂是在浇筑过程中由于浇注速度较高等原因而造成型砂的沙子剥落，混进铸件而形成的缺陷。

（3）夹渣。该缺陷是在浇注时由于铁水包中的熔渣没有与铁水分离，混进逐渐而形成的缺陷。

（4）密集气孔。该类型缺陷是由于铸件在凝固过程中各部位冷却速度差异而造成。

（5）冷隔、浇不足。该缺陷主要是因为浇注温度过低，液态金属在铸模中不能充分流动，在铸件表面生成冷隔，因液态金属未流入而造成的缺口称为浇不足。

（6）裂纹。该缺陷是由于材质和铸件形状不适当，在铸件设计时有较大拐角或者壁厚不均匀，造成凝固时产生收缩应力而造成的裂纹。在高温时形成的裂纹称之为热裂纹，在低温时形成的裂纹称之为冷裂纹。

（7）型芯撑、内冷铁。该缺陷是型芯的支撑岗位遗留在铸件内，或为增加凝固速度所用的冷铁附着，遗留于铸件上所形成的。

（8）缩孔：多数金属在凝固时均发生体积收缩，最后凝固的这一部分没有足够的液体金属来补充而形成的。

图 2-3 是轮盘几种铸造缺陷的形貌。

（9）偏析：铸件或铸锭中化学成分不均匀的现象（见图 2-4）。常见有枝晶偏析、方框偏析、比重偏析。

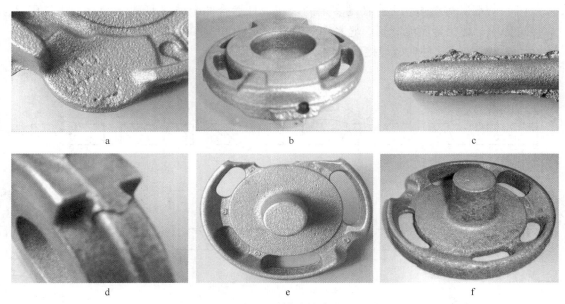

图 2-3　铸造缺陷

a—气孔；b—夹砂；c—毛刺；d—冷隔；e—浇不足；f—黏砂

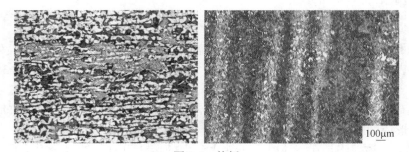

图 2-4　偏析

（10）疏松：凝固时枝晶间隙因得不到液体补充，而形成的显微缩孔（见图 2-5）。一般出现在铸件壁的轴线区域、热节处、冒口根部和内浇口附近，也常分布在集中缩孔的下方。

图 2-5　疏松缺陷

2.2.3　锻造缺陷及原因分析

锻件的缺陷很多，产生的原因也多种多样，有锻造工艺不良造成的，有原材料的原因，有模具设计不合理所致等等。尤其是少或无切削加工的精密锻件，更是难以做到完全控制。

（1）锻造裂纹，如图 2-6 所示。裂纹通常是锻造时存在较大的拉应力、切应力或附加拉应力引起的。裂纹发生的部位通常是在坯料应力最大、厚度最薄的部位。如果坯料表面和内部有微裂纹、或坯料内存在组织缺陷，或热加工温度不当使材料塑性降低，或变形速度过快、变形程度过大，超过材料允许的塑性指针等，则在镦粗、拔长、冲孔、扩孔、弯曲和挤压等工序中都可能产生裂纹。

图 2-6　锻造裂纹

（2）淬火裂纹，如图 2-7 所示，是指在淬火过程中或在淬火后的室温放置过程中产生的裂纹。

（3）白点，如图 2-8 所示，白点是锻件在锻后冷却过程中产生的一种内部缺陷。其形貌在横向低倍试片上为细发丝状锐角裂纹，断口为银白色斑点。

白点实质是一种脆性锐边裂纹，具有极大的危害性，是马氏体和珠光体钢中十分危险的缺陷。

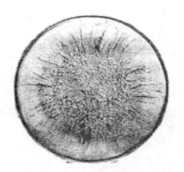

图 2-7　淬火裂纹

图 2-8　白点

（4）过热、过烧，加热温度过高或高温停留时间过长时易引起过热、过烧。过热使材料的塑性与冲击韧性显著降低。过烧时材料的晶界剧烈氧化或熔化，完全失去变形能力，如图 2-9 所示。

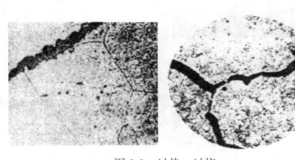

图 2-9　过热、过烧

（5）大晶粒。由始锻温度过高和变形程度不足、或终锻温度过高、或变形程度落入临界变形区引起。晶粒粗大将使锻件的塑性和韧性降低，疲劳性能明显下降。

（6）晶粒不均匀。指锻件某些部位的晶粒特别粗大，某些部位却较小。晶粒不均匀将使锻件的持久性能、疲劳性能明显下降。

（7）锻件流线分布不顺。指在锻件低倍上发生流线切断、回流、涡流等流线紊乱的现象。流线不顺会使各种力学性能降低，因此对于重要锻件，都有流线分布的要求。

（8）铸造组织残留。主要出现在用铸锭作坯料的锻件中。锻造比不够和锻造方法不当是铸造组织残留产生的主要原因。铸造组织残留会使锻件的性能下降，尤其是冲击韧度和疲劳性能等。

（9）褶皱是锻件沿分模面的上半部相对于下半部产生的位移。产生的原因可能是：1）滑块（锤头）与导轨之间的间隙过大；2）锻模设计不合理，缺少消除错移力的锁口或导柱；3）模具安装不良。

（10）夹层是金属变形过程中已氧化过的表层金属汇合到一起而形成的。它可以是由两股（或多股）金属对流汇合而形成；也可以是由一股金属的急速大量流动将邻近部分的表层金属带着流动，两者汇合而形成的；也可以是由于变形金属发生弯曲、回流而形成；还可以是部分金属局部变形，被压入另一部分金属内而形成。与原材料和坯料的形状、模具的设计、成形工序的安排、润滑情况及锻造的实际操作有关。

2.2.4　热处理缺陷及原因分析

常见宏观缺陷组织有淬火裂纹、锻造过烧、气泡、氧化与脱碳、淬火软点等。

（1）淬火裂纹：淬火裂纹是淬火冷却时形成的拉应力超过材料微裂纹扩展所需的临界应力时形成的宏观裂纹。产生原因一是较大的拉应力因素，如冷却太强烈、未及时回火、设计不合理等；二是材质缺陷。如晶粒粗大、夹杂物缺陷、网状碳化物、表面脱碳、严重偏析等，如图 2-10 所示。

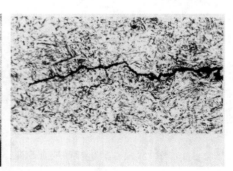

图 2-10　淬火裂纹

（2）锻造过烧：表现为除晶粒粗大外，部分晶粒或大部分晶粒趋于熔化状态。其特征为组织粗化，使材料冲击韧性显著降低。产生原因是加热温度过高或保温时间过长，往往会引起晶粒普遍长大，而使淬火后组织粗大，如图 2-11 所示。

（3）氧化与脱碳：金属材料在空气或其他氧化性气氛中加热时，其表面即发生氧化作用，并生成氧化层，同时表面还会减少或完全失去碳分，即氧化与脱碳。钢在 A3 以上

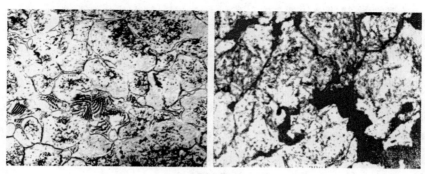

图 2-11　过烧缺陷

加热或 A1 以上加热时，强脱碳形成柱状晶脱碳；弱脱碳产生粒状晶脱碳，如图 2-12 所示。

图 2-12　氧化与脱碳缺陷

（4）淬火软点。

特征：淬火后的零件表面有时会发现斑点，由于斑点处的硬度较低，称为软点，如图 2-13 所示。

产生原因：

1）工件原来的显微组织不均匀。改进措施为在淬火前进行预先的正火、球化处理，使组织均匀。

2）钢件的淬透性不足，而工件的截面又较大。改进措施为改用淬透性较高的钢材。

3）工件表面脱碳。

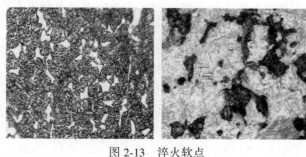

图 2-13　淬火软点

4）淬火介质的冷却速度较低。

5）加热不足，如加热温度低或保温时间不足。

6）工件表面不够清洁，如有油迹、铁锈存在。

2.2.5　其他缺陷及原因分析

2.2.5.1　电镀缺陷及原因分析

（1）镀层剥落，附着不良：pH 值太高；镀前处理不良；有机杂质过多。

（2）镀层粗糙：该缺陷的产生是由于电镀时电流密度太高。

（3）阳极钝化：氯盐含量少；阳极电流密度高。

（4）镀层成黑色条纹：电解液中含锌杂质。

（5）局部无镀层：零件相互重叠；pH 值不准确；吊挂情形不当，气体无法顺利逸出；前处理不良。

（6）镀层明亮，有纵向条纹：电解液含铁杂质超过 0.1g/L。

（7）镀层粗糙、空隙度高：电解液有杂质，气体停滞表面。

（8）镀件麻点：电解液中存在有机杂质。

（9）析镀速率慢：电解液温度低。

图 2-14 为常见的一些电镀缺陷形貌。

2.2.5.2　切削加工缺陷及原因分析

（1）表面粗糙。加工表面粗糙，不符合工艺图纸或设计图纸的要求，则在使用中会降低零件的疲劳性能和使用寿命。加工表面的粗糙程度用表面粗糙度来表示。

表面粗糙度：是指加工表面具有的较小间距和微小峰谷不平度。表面粗糙度越小，则表面越光滑。

表面粗糙度与机械零件的配合性质、耐磨性、疲劳强度、接触刚度、振动和噪声等有密切关系，对机械产品的使用寿命和可靠性产生重要影响。

（2）深沟痕。加工表面存在单独深沟痕。使用中将成为应力集中的根源。导致疲劳断裂。零件硬度低、塑性大、切削速度较慢或者切削厚度加大等，可使前刀面形成积削瘤。由于积削瘤的金属在形成过程中受到剧烈变形而强化，使它的硬度远高于被切削金属，则相当于一个圆钝的刃口并伸出刃刃之外，而在已加工表面留下纵向不规则的沟痕。

（3）鳞片状毛刺。以较低或中等切削速度切削塑性金属时，加工表面往往会出现鳞片状毛刺，尤其对圆孔采用拉削方法更易出现，若拉削出口毛刺没有去除，则将成为使用中应力集中的根源。

（4）"R"加工过小。零件拐角半径小，尤其是横截面形状发生急骤的变化，会在局部发生应力集中而产生微裂纹并扩展成疲劳裂纹，导致疲劳断裂。

（5）加工精度不符合。切削加工后，构件尺寸、形状或位置、精度不符合工艺图纸或设计要求。不仅直接影响工件装配质量，而且影响工件正常工作时应力状态分布，降低工件抗失效性能。

（6）表面机械损伤。切削加工过程中，构件表面相撞擦伤、碰伤、压伤。

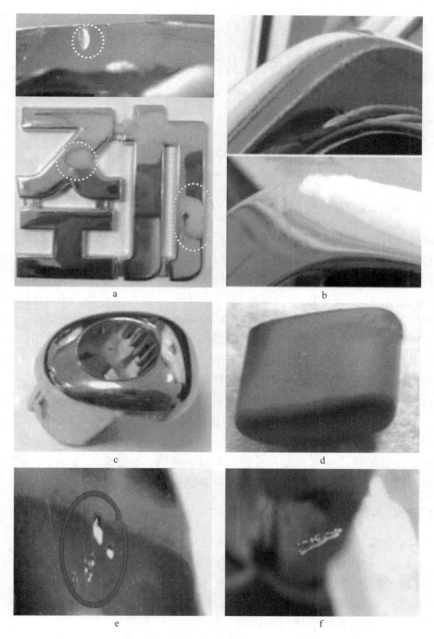

图 2-14 电镀不良

a—漏镀；b—发毛；c—发黄；d—发灰；e—麻点；f—疤状杂质

3 射线检测

3.1 射线及射线检测的基础

3.1.1 射线检测的概念及分类

　　射线探伤（RT）是利用射线对材料具有一定的穿透能力和材料对射线有衰减的特性来检查材料内部缺陷的一种探伤方法。因为射线对材料的透射性能及不同材料对射线的吸收、衰减程度不同，使底片感光成黑度不同的图像来观察的，它作为一种行之有效，而又不可或缺的检测材料（或零件）内部缺陷的手段为工业上许多部门所采用。其理由是，首先它适用于几乎所有材料，而且对零件形状及其表面粗糙度均无严格要求，对厚至半米的钢或薄如纸片的树叶、邮票、油画、纸币等均可检查其内部质量。目前射线检测主要应用于对铸件及焊件的检测。其次，射线检测能直观地显示缺陷影像，便于对缺陷进行定性、定量和定位。第三，射线底片能长期存档备查，便于分析事故原因。

　　射线检测对气孔、夹渣、疏松等体积性缺陷的检测灵敏度较高，对平面缺陷的检测灵敏度较低，如当射线方向与平面缺陷（如裂纹）垂直时就很难检测出来，只有当裂纹所在平面与射线方向接近平行时才能检测出来。

　　射线探伤，按所使用的射线种类分为：X 射线探伤、γ 射线探伤、中子射线探伤；按缺陷显示的方式分为：射线照相法、荧光屏观察法（透视法）、电离法、工业电视法。

3.1.2 射线的基本性质

　　X 射线、γ 射线和中子射线均可用于固体材料的无损检测，其特性如下：

　　（1）射线是一种波长极短的电磁波，不可见，直线传播。X、γ 射线统称为光子。根据图 3-1 的波谱图可查得：X 射线的波长为 $0.001 \sim 0.1 \mathrm{nm}$；γ 射线的波长为 $0.0003 \sim 0.1 \mathrm{nm}$。

　　（2）不带电，不受电场和磁场的影响。

　　（3）具有很强的穿透能力，而且波长愈短，穿透能力愈强。根据波长的长短，可以把射线分为硬射线和软射线。硬射线指波长短的射线（即穿透能力强的），如 γ 射线。软射线指波长较长的射线。

　　（4）能使照相软片感光等光化作用，即具有照相作用。但因为 X 射线和 γ 射线的照相作用比普通光线的照相作用小得多，必须使用特殊规格的 X 光胶片，这种胶片的两面都涂了较厚的乳胶。为了表示底片黑的程度，采用了称为底片黑度 D 这个参量。对黑化了的底片用强度为 I_0 的普通光线进行照射，设透过底片后的光强度为 I，如图 3-2 所示，则 D 可定义为：

$$D = \lg(I_0/I) \tag{3-1}$$

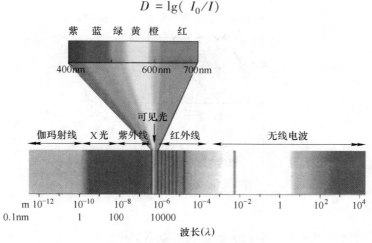

图 3-1 不同光线的波谱图

（5）荧光作用：某些物质被射线照射以后，就会发出黄的或蓝的可见光。为了增强照相的曝光作用，已采用了有荧光作用的荧光增感屏。

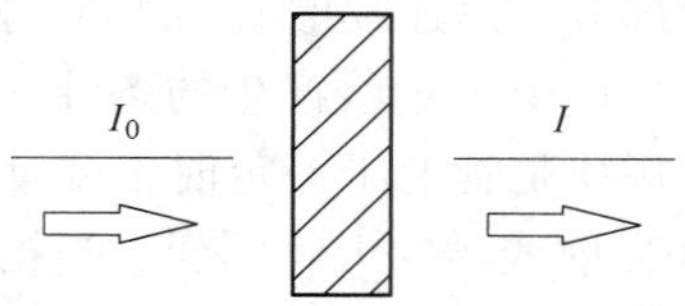

（6）电离作用：当射线照射气体时，电荷呈中性的气体分子吸收了射线的能量而放射出电子，成为正离子，被电离的气体分子数量同照射的射线剂量成正比。直接利用电离作用检测的很少，大多是用作安全管理的测量仪器。

图 3-2 底片黑度原理示意图

（7）生物效应：当生物细胞受到一定量的射线照射以后，将产生损害、抑制，甚至坏死。

3.1.3 射线的产生

3.1.3.1 X射线的产生

A 产生X射线的条件

产生X射线的三个条件：

（1）具有一定数量的电子。

（2）迫使这些电子在一定方向上做高速运动。

（3）在电子运动方向上设置一个能急剧阻止电子运动的障碍物。

B X射线的发生

利用X射线管（如图3-3所示）。首先，对灯丝通电预热，产生电子热发射，形成电子云；（20min左右），然后，对阴极和阳极施加高电压（几百千伏），形成高压电场，加速电子，并使其定向运动；被加速的电子最终撞击到阳极靶上，将其高速运动的动能转化为热能和X射线。这里，一般把加在阴极和阳极之间的电压，称为管电压，通常为几十千伏至几百千伏，要借助变压器来实现。从阳极向阴极流动的这个电流（电子是从阴极一移向阳极的），称为管电流。受电子撞击的地方，即X射线发生的地方，称为焦点。对管电流可以调节灯丝加热电流，对管电压可以调整X射线装置主变压器的初级电压。

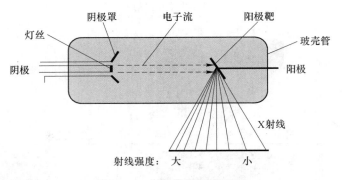

图 3-3　X 射线管结构示意图

C　X 射线谱

从 X 射线管激发出来的 X 射线，产生的射线谱如图 3-4 所示，有些波长范围极狭而强度很大的部分，如 K_α、K_β，称为线谱或标识 X 射线。而有些则强度不高，如射线中的连续部分，是连续谱或韧致 X 射线。

标识 X 射线产生的条件，管电压 $U_管$ 要大于靶金属的激发电压 $U_激$。连续 X 射线的变化规律是管电压一定时，变动管电流或改变靶金属的种类，只改变 X 射线的相对强度，而 X 射线谱的形状不变。当提高管电压时最短波长和最高强度的波长都向波长短的方向移动。管电压愈高，平均波长愈短，该现象叫线质的硬化。

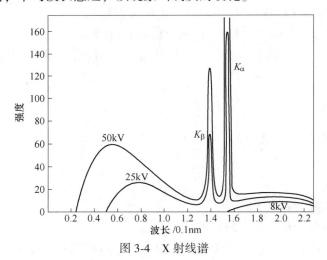

图 3-4　X 射线谱

这里需要强调以下几点：

（1）高速运动电子的能量，绝大多数转换为热能，转化为 X 射线的能量比率仅占 1% 左右；因此阳极靶必须散热和冷却；这个问题应该由 X 射线管的设计人员解决。

（2）产生 X 射线的强度与管电流成正比，与管电压的平方成正比，与阳极靶材料的原子序数成正比。因此，恰当选择管电流、管电压和阳极靶材料至关重要。换言之，X 射线的强度可由管电流和管电压灵活调节！

（3）常用的阳极靶材料为钨。它具有高原子序数和高熔点。

（4）X 射线强度的分布规律：在垂直电子束的方向上最强；在平行电子束的方向上最

弱。靠近阴极侧的比远离阴极侧的高。这就是说，X 射线的强度在空间的分布是不均匀的，而且具有一定的扩散角，并不是平行光。见图 3-3X 射线强度分布。

3.1.3.2 γ 射线源

γ 射线探伤使用的放射源主要是人工制造的放射性同位素，它在自发的衰变过程中就产生 γ 射线。常用于射线探伤的放射性同位素主要有：钴 60、铱 192、铥 170、铯 137/134 等。

γ 射线的谱是线谱，而没有连续谱，放射性元素原子核自发地放射出三种本质不同的射线，即：

α 射线：带正电荷的氦原子核，穿透能力最弱，不用于探伤。

β 射线：带负电荷的电子流，穿透能力略强。

γ 射线：波长很短的中性电磁波，穿透能力很强。

放射性元素的衰变，不受任何物理、化学条件的影响，仅取决于放射性元素本身的性质。其衰变规律是放射性元素尚未衰变的原子数与原有的原子数比随时间变化呈现负幂指的关系，如式（3-2）所示。

$$N = N_0 \cdot e^{-Kt} \tag{3-2}$$

式中　　N ——放射性元素在经过时间 t 后尚未衰变的原子数；

　　　　N_0——放射性元素原有的原子数；

　　　　K ——放射性元素的衰变常数。

在无损检测中应用的射线源，关注的是半衰期（T），即当放射性元素的原子数因衰变而减少到原来的一半时，所经历的时间 T（见式（3-3）），半衰期至少几十天，否则无意义。

$$T = 0.693/K \tag{3-3}$$

3.2　射线检测的基本原理

3.2.1　射线在物质中的衰减定律

射线在穿透物质的同时也会发生衰减现象。其发生衰减的根本原因有两点：散射和吸收。

3.2.1.1　吸收

吸收是一种能量的转换。当 X 射线通过物质时，射线的能量光子与物质中原子轨道上的电子互相撞击，可使得与原子核联系较弱的电子脱离原子，亦即使原子离子化，并且其碰撞情况也可以不同，有的量子在撞击时消耗全部能量，致使飞出的电子带有颇大的速度，这就是光电子；有的量子仅消耗部分能量。而这些逸出的电子，除速度较高者可以超出被照射的物体以外，形成与阳极射线相似的辐射。另一些电子与物质的量子碰撞时，将自己的动能转变为热能。

3.2.1.2　散射

散射减弱时由于部分射线折向旁边，改变了原射线的方向。这种现象与光线通过浑浊介质的散射完全相似。唯一的区别就是 X 射线波长甚小，任何对于光线透明的介质都成为"浑浊"，也就是物质的原子或其本身成了散射中心。

　　射线穿过物质时，由于康普顿效应（频率改变的散射过程）而被散射。另外，在射线照相时，由于遇到各种障碍产生的乱反射，如图 3-5 所示。

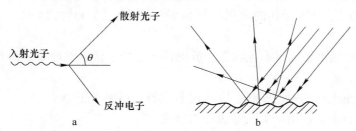

图 3-5　射线碰到物质产生的散射现象
a—康普顿效应；b—乱反射

　　射线在穿透物质的同时发生的衰减定律是射线穿过一定厚度的工件（材料），其强度比与该工件的厚度呈负幂指的关系，见式（3-4），射线对物质的作用过程的示意图如图 3-6 所示。

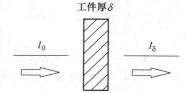

$$I_\delta = I_0 \cdot e^{-\mu\delta} \qquad (3-4)$$

图 3-6　衰减定律原理图

式中　I_0——射线的初始强度；

　　　I_δ——射线的透射强度；

　　　δ——工件的厚度；

　　　μ——线衰减系数。

　　入射光子在物质中穿行单位距离时，与物质发生相互作用的几率。不同材料具有不同的衰减系数。

　　一般与射线的波长、穿透物质的密度和被检物质的原子序数呈正比。有式（3-5）的关系。

$$\mu = f(\lambda, \rho, z) \qquad (3-5)$$

式中　λ——射线的波长；

　　　ρ——材料密度；

　　　z——原子序数。

　　μ 随射线的种类和线质的变化而变化，也随穿透物质的种类和密度而变化。对电磁波（X 射线和 γ 射线），若穿透物质相同，则波长 λ 增加，衰减系数变大；若波长 λ 相等，则穿透物质的原子序数 z 越大，衰减系数越大，密度越大，衰减越大。

3.2.2　射线检测的基本原理

　　射线检测主要是利用它的指向性、穿透性、衰减性等几个基本性质。具体分析（参考图 3-7），工件的厚度是 δ，缺陷沿射线入射方向（箭头所示的方向）的厚度是 X，A、B 为工件缺陷上下的厚度，根据示意图有式（3-6）：

$$\delta = A + X + B \qquad (3-6)$$

式中　X——缺陷厚度；

　　　A——缺陷上部厚度；

　　　B——缺陷下部厚度。

（1）无缺陷区的射线透射强度：

根据衰减定律有　　　　　　　$I_\delta = I_0 \cdot e^{-\mu\delta}$　　　　　　（3-7）

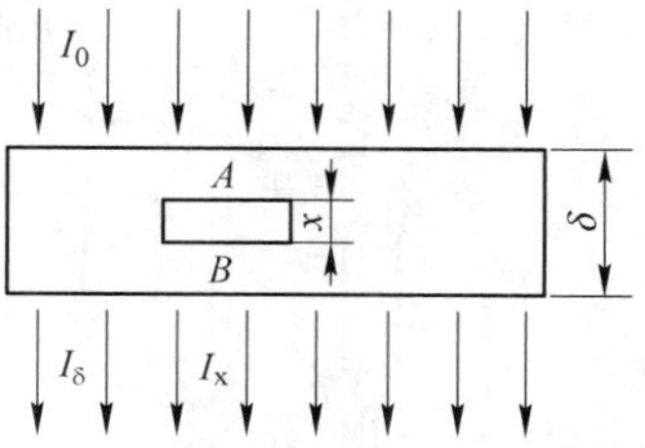

（2）有缺陷区的射线透射强度：

$$I_x = I_0 \cdot e^{-\mu A} \cdot e^{-\mu' X} \cdot e^{-\mu B}$$

$$= I_0 \cdot e^{-\mu A} \cdot e^{-\mu B} \cdot e^{-\mu X} \cdot e^{\mu X} \cdot e^{-\mu' X}$$

$$= I_0 \cdot e^{-\mu\delta} \cdot e^{-(\mu'-\mu)X}$$

$$= I_\delta \cdot e^{-(\mu'-\mu)X} \tag{3-8}$$

图 3-7　射线检测原理示意图

显然有：

$$I_x / I_\delta = e^{-(\mu'-\mu)X} \tag{3-9}$$

1）当 $\mu' < \mu$ 时，$I_x > I_\delta$；比如，钢中的气孔、夹渣就属于这种；

2）当 $\mu' > \mu$ 时，$I_x < I_\delta$；比如，钢中的夹铜就属于这种；

3）当 $\mu' = \mu$ 或 x 很小时，$I_x \approx I_\delta$；几乎没有差异，缺陷则得不到显示。

3.3　射线检测装置及应用

3.3.1　X 射线机

3.3.1.1　X 射线探伤过程

如图 3-8 所示，先用 X 光发射管照射被检工件，穿透被检工件的 X 射线经过图像处理系统展示在显示屏上，利用其他专业知识进行判断和分析。

3.3.1.2　X 射线机种类

X 射线机主要可分为以下两种：

（1）移动式：管电压可达 420kV，体积和重量较大，用于透照比较厚的工件，见图 3-9。

（2）携带式：管电压可达 300kV，体积和重量较小，适于流动性检验和大型设备的现场探伤，见图 3-9。

3.3.1.3　X 射线探伤机

X 射线探伤机的基本组成部分有 X 射线管、整流系统、高压系统和低压系统。

（1）X 射线管。X 射线管是产生 X 射线的关键元件（见图 3-3），是 X 射线探伤机的重要组成部分之一。其主要组成部分及各自的作用有。

1）阴极：是由灯丝和围绕灯丝的阴极罩组成的，起发射电子和聚焦电子的作用。

2）阳极：是由承受从阴极发射的电子冲击的靶（阳极靶）和导热系数高的空心铜托体（阳极柄）构成的。一般阳极靶与管轴垂直方向约成 20°倾斜角，X 射线束则形成一个约 40°圆锥的外辐射。另外，X 射线窗口中心部位的射线强度为 100% 时，靠近阴极侧的射线强度比阳极侧偏高。

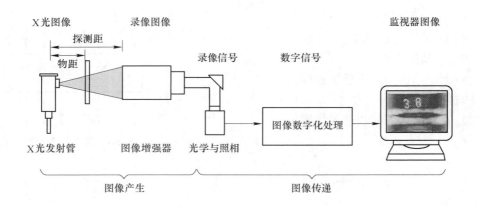

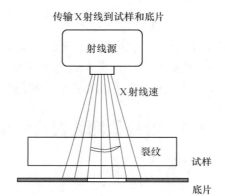

图 3-8　X 射线探伤过程

3）焦点：焦点大小直接影响探伤灵敏度。通常把焦点称为：

实际焦点（原焦点）：阳极靶面被电子束撞击的面积。

有效焦点：实际焦点投影在 X 射线胶片上的面积。

实际焦点面积大对散射有利，有效焦点面积小对透照灵敏度有利。小焦点 X 射线管虽然具有探伤灵敏度高、透照清晰的优点，但由于焦点面积小，阳极靶很容易局部过热而烧坏，因此不宜采用大的管电流。一般大型 X 射线机采用双焦点 X 射线管。

　　　　　　　　　　a　　　　　　　　　　　　　　　　　　　　b

图 3-9　X 射线探伤机

a—射线管；b—整体装置

4）管壁：采用易于同金属焊接的硬质玻璃做成。其作用是造成并保持一个高真空的空间以承受阴极于阳极之间的高电压，同时支撑、固定阴极与阳极。

X射线硬度和强度的调节：

1）增加阴极灯丝的加热电流，提高灯丝的温度，可以增加电子的发射量，从而增加X射线的强度。

2）提高加在阳极的电压，则电子速度变大，动能增加，X射线的硬度也随之提高。

（2）整流系统。X射线探伤机的X射线管会产生X射线，必须由高压发生器提供高压电源来建立强电场。所提供的高电压是由高压变压器把低电压交流电变成高电压并通过整流使之变成直流高压电，然后加到X射线管上，即将交流电压变换为单相脉动电压，其整流电路中的整流元件为电子二极管或晶体二极管，因为它们都具有单向导电的特性。

（3）高压系统。X射线探伤机的高压系统主要指高压变压器、灯丝变压器、冷却泵、温度保护装置。整流电路元件、绝缘介质、高压电缆和X射线管头等。

（4）低压系统。X射线探伤机的低压系统由控制台和低压电缆组成。低压电缆主要是指控制台输往X射线发生器、高压变压器、油泵和架车等低压电源用的电缆。这种电缆无需复杂加工，只要与配套的插头和插座对应焊接起来就可以了。控制台是整机的控制中心，通过它来满足各种条件下的探伤要求。控制台主要由控制、显示和保护装置组成。

3.3.2 γ射线源

γ射线探伤使用的放射源主要是人工制造的放射性同位素。目前主要用：

（1）钴——Co60；用于探伤厚工件，$T= 5.3$ 年。

（2）铱——Ir192；用于探测薄工件，$T= 74$ 天。

（3）铥——Tm170；用于探测很薄的工件，$T= 130$ 天。

γ射线探伤的特点主要如下：

因其不用电，在野外及施工现场作业很方便。

（1）γ射线探伤装置小巧、轻便，且探测厚度可达300mm的钢板。而X射线的最大穿透钢板厚度为75~100mm左右。

（2）γ射线源可以用传输管深入到狭窄部位去照相，还可在高温，高电压或磁场的情况下探伤。

（3）γ射线探伤仪因放射源的半衰期短而更换频繁，射线防护也要求严格，照相灵敏度较X射线差。

（4）γ射线装置与X射线探伤机相比，投资要低得多。

3.3.3 高能射线探伤

高能射线探伤主要是利用高能X射线发生器（用于超过300mm厚的钢板探伤）产生高能X射线进行探伤，根据产生X射线的三个条件，要借助离子加速器，一般有电子感应加速器、电子直线加速器和电子回旋加速器。

加速器的特点是，产生的辐射线束定向性好，利用率高，可有40%~50%的能量转变成X射线，射线束的能量、强度和方向可以精确控制，操作灵便，可以在任何瞬间启动或停止射线产生，工作安全，检查维修方便，工作中发射性污染的危险性亦小。

　　电子感应加速器是利用感生电场来加速电子的一种装置。在电磁铁的两极间有一环形真空室，电磁铁受交变电流激发，在两极间产生一个由中心向外逐渐减弱，并具有对称分布的交变磁场，这个交变磁场又在真空室内激发感生电场，其电场线是一系列绕磁感应线的同心圆，这时，若用电子枪把电子沿切线方向射入环形真空室，电子将受到环形真空室中的感生电场的作用而被加速，同时，电子还受到真空室所在磁场洛伦兹力的作用，使电子在一定半径的圆形轨道上运动。

　　电子直线加速器是利用具有一定能量的高能电子（速度达到亚光速）与大功率微波的微波电场相互作用，从而获得更高的能量。这时电子的速度增加不大，主要是质量不断变大。一个最简单的电子直线加速器至少要包括，一个加速场所（加速管），一个大功率微波源和波导系统，控制系统，射线均整合防护系统。

　　电子回旋加速器是一种以恒定磁场使电子回转，同时由谐振腔产生固定频率的高频电场加速电子的低能加速器。在恒定磁场作用下，电子绕一圈的时间随能量的增加而变快。若使电子回转一圈，加速电场恰好变化整数个周期，则电子即能逐步被加速。

3.4　射线检测技术

3.4.1　射线照相检测技术

　　射线照相法的探伤是利用射线穿透物质时，在物质中的衰变规律和对某些物体产生光化和荧光作用为基础进行探伤的。如图 3-10 所示，在射线照相检测时，在工件上可能存在缺陷的位置（图上为焊缝）放上胶片，同时搁置透度计、标记等。

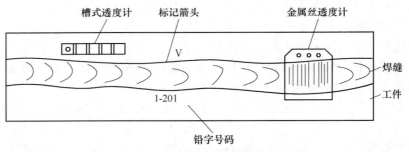

图 3-10　射线照相检测技术

3.4.1.1　射线照相灵敏度与透度计

在射线照相探伤时要用到几种灵敏度。

（1）绝对灵敏度，指在射线透照的底片上所能发现的工件中沿射线穿透方向上最小缺陷的尺寸。

（2）相对灵敏度，用所能发现的最小缺陷尺寸占被透照工件厚度的百分比表示。可反映不同厚度工件的透照质量。

　　另外，还有一个非常重要的标志灵敏度（也称透度计或像质计），用带有规则形状人造缺陷的标准块，放在被透工件上一起透照，根据人造缺陷在底片上的显现能力来确定透照灵敏度，这种标准块通常称为"透度计"。常用的透度计有槽形透度计和金属丝透度计两种。

（1）槽型透度计：在一定厚度的金属板上，制作不同深度的沟槽。有宽型和宽深相两种型式。如图 3-11a 所示。

相对灵敏度：
$$K = x/(T + t) \times 100\% \tag{3-10}$$

式中　x——底片上显现的透度计最浅槽的尺寸；

　　　T——透度计处射线穿透的工件厚度；

　　　t——透度计厚度。

（2）金属丝透度计：是将长度相同直径不同的金属丝，等距离地排列在一起，压合在塑料薄膜胶片内构成的整体（一般有 7 根），如图 3-11b 所示。

底片灵敏度 = 底片上观察到最细金属丝直径/透照部位最大厚度×100%

透度计放置：

1）透度计一定要放在工件靠近射线源的表面上；

2）透度计应放在接近胶片的一端，而不是在胶片中心；

3）每张底片原则上都必须有透度计（据此确定缺陷的大小），因为没有透度计的底片无法进行缺陷评定；

4）透度计的材质应与被透照工件相同。

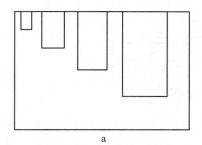 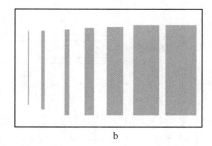

图 3-11　透度计示意图

a—槽型透度计；b—金属丝透度计

3.4.1.2　增感屏和增感方式

在射线照相探伤中，虽然射线有荧光作用，但很弱，为了增加照相时对胶片的感光速度，减少透照时间，需要在胶片前或后放置一块类似于纸片的东西，这就是增感屏，如图3-12 所示。

增感屏有荧光增感屏、金属增感屏和金属荧光增感屏三种，但常用的是前两种。荧光增感屏是将钨酸钙、硫化锌镉等荧光物均匀地胶附在一纸板上，构成荧光增感屏。金属增感屏是将铝箔或锡箔胶附在纸板上，构成金属增感屏。为了获得较高清晰度和灵敏度的底片时，应采用金属增感屏。采用 γ 射线透照时必须用金属增感屏，但增感作用弱。

采用增感屏主要是为了减少射线的透照时间，为此引入增感因素概念。增感因素（K）指在同一黑度下，用增感屏和不用增感屏时，曝光时间的比值。增感因素 K 决定于射线穿透能力和荧光物质的颗粒度大小。射线愈硬，增感因素愈明显，颗粒度大，增感作用强，但颗粒大会降低缺陷影像的清晰度，从而降低底片灵敏度。在透照中，屏与胶片应该贴紧，否则会大大降低增感效果。

图 3-12　增感屏示意图

3.4.1.3　胶片的感光作用及其选择

胶片由片基、乳剂层和保护层构成，乳剂层是溴化银在明胶（动物的皮筋爪骨）中的混合液，溴化银颗粒的大小决定着胶片的质量。片基是透明的赛璐珞（我国是涤纶），厚约 150μm，如图 3-13 所示。

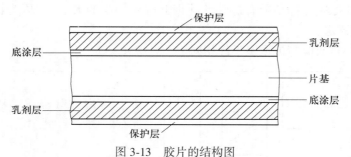

图 3-13　胶片的结构图

胶片按照荧光物质溴化银颗粒的大小，分为超微粒胶片、微粒胶片、细颗粒胶片、粗颗粒胶片。其各自应用的场合分别是超微粒胶片，对特别重要的零部件用，照相速度最慢，用金属增感屏。微粒胶片，对比较重要的零部件，照相速度慢，用金属增感屏。细颗粒胶片，适用于一般零部件，照相速度比较快，两种增感屏均可用。粗颗粒胶片，对质量要求不高的零部件用，照相速度快。

确定胶片后，还要关注增大缺陷部位与无缺陷部位的反差，从而可提高照相灵敏度。即要选择底片的黑度 D（反映底片的感光作用）。一般黑度越大，越能提高照相灵敏度。

3.4.1.4　射线能量、焦点、焦距的选择

在保证射线能穿透工件的前提下，对 X 射线，应尽量采用比较低的管电压；对 γ 射线，应选用波长较长的 γ 射线同位素源，以便提高底片的灵敏度和射线照相质量。

对 X 射线来说，有有效焦点和实际焦点，根据前文已知，有效焦点小，可提高照相灵敏度高，实际焦点大，有利散射，但是实际焦点大，有效焦点也大。为此，提高缺陷影像的清晰度，用 P（其倒数是不清晰度 u_g）表示，照相时的焦点、工件与胶片的位置如图 3-14 所示。

$$P = \frac{a}{bQ} \qquad (3-11)$$

式中　Q——焦点的直径；

a——焦点到缺陷的距离；

b——缺陷到底片的距离。

由上式可以看出，为了提高清晰度 P，减小焦点 Q，增加焦点到缺陷的距离 a，让工件与胶片贴紧。

射线照相时，焦点到暗盒之间的距离称为焦距（F）。透照时规定：

$$F \geqslant dQ/N_V + d \qquad (3\text{-}12)$$

式中　d——工件表面（向射线源的一面）与胶片之间的距离；

N_V——底片和增感屏的性质因素，如表 3-1 所示。

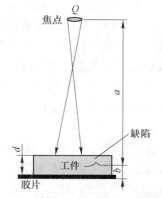

图 3-14　射线照相关键元件位置图

表 3-1　底片和增感屏的性质因素 N_V

胶片种类	不用增感屏	铝箔增感	中速增感	快速增感
普通颗粒胶片	0.2	0.2	0.3	0.4
细颗粒胶片	0.1	0.1	—	—

3.4.1.5　散射线的遮蔽

已知散射线主要是射线穿过物质时，由于康普顿效应和遇到各种障碍产生的乱反射。它不仅会影响射线的照相质量，还会对人体造成一定的伤害，为此，在射线探伤时要严加防范。具体的措施一般有。

（1）胶片应尽可能与工件贴紧。

（2）采用遮蔽限制的线场（见图 3-15）。

1）在 X 射线窗口或射线出口处装置铅集光罩。

2）在被透照工件面向射线源的一侧放置遮挡板，仅露出需要透照的部分。

（3）暗盒背面加屏蔽，在暗盒背面放置一块 2mm 厚的铅板，防止底片受到杂散辐射。

（4）在工件与暗盒之间放置铅箔，可吸收工件产生的散射线。

（5）适当选择较高能量的射线，可减少散射线的影响。

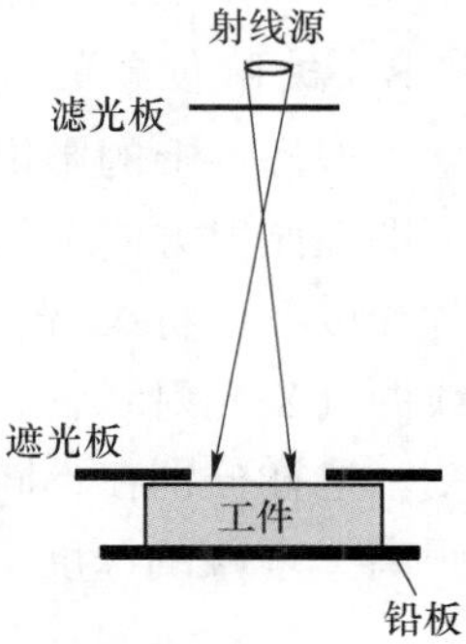

图 3-15　散射线的遮蔽原理图

3.4.1.6　胶片的暗室处理

当射线照相胶片被曝光后，乳剂上产生"潜影"，还需要拿到暗室进行显影→定影→冲洗和干燥等处理。

显影是通过化学反应，使胶片上已感光的"潜影"变成可见影像。胶片在显影液中，是将已曝光的溴化银还原为金属银沉积在胶质中，其离子则生成可溶性的溴化物，溶于显影液中。显影时间越长，生成的金属银越多，底片愈黑，衬度也越高。但时间太长，会对未被曝光的溴化银粒子起作用，产生所谓的"显影雾翳"。如果显影时间过短，则对曝光的溴化银还原不足，使影像衬度降低。显影温度一般在 20℃ 左右，温度高，显影速度加快，显影液的氧化剧增，胶片乳剂膨胀变软，有利于银的颗粒聚合，增大颗粒性，甚至使胶膜脱落或溶解。显影温度低，则显影作用进展缓慢，在 10℃ 以下，显影基本失去作用。显影液与空气中的氧具有很大亲和力，保管期通常不超过三个月。一般 1L 显影液可显影 35.6cm×43.2cm 的胶片 7~8 张。

定影就是把未曝光的卤化银溶解掉，而已显影还原出来的金属银则不被损害。一般定影剂为硫代硫酸盐，又称海波（$Na_2S_2O_3$），为了让胶片定成透明状，通常定影时间为 15~20min。

冲洗是在定影后进行，目的是洗去定影后残留在乳剂内被溶解了的银化合物，即银盐作用后所产生的可溶性复银盐，以免日后流离析出，形成硫酸根而使底片变黄。冲洗时间，在流水中约 15~20min，静水中需 1~2h，水温以 18~24℃ 为宜。

底片冲洗后进行干燥，干燥的方法有自然干燥和热风干燥，自然干燥的室温以 35℃ 左右为好。热风干燥要在专用的烘箱中进行，温度控制在 50℃ 左右。

3.4.1.7　底片上缺陷的评定

A　典型缺陷在底片上的显露和辨认

裂纹是工件中最常见的缺陷之一，在底片上的特征是一条黑色的常有曲折的线条，有时也呈直线状，一般要求射线对裂纹的照射角度小于 15°。夹渣是铸件、锻件和焊缝中常见的缺陷。其形状有球形和块状，亦有呈群状和链状出现。一般球状和条状的夹渣在底片上呈黑色点状和条状的影像，轮廓分明，群状夹渣呈较密的黑点群。

气孔一般呈球状，在底片上呈圆形或近圆形的黑点，黑点中心较黑，并均匀地向边缘变浅，边缘轮廓不大明显。

图 3-16 给出了一些底片上的缺陷形貌，可以看出，裂纹、未焊透、未熔合度为黑色的不规则的线条，夹渣是黑色的点或较为密集的黑点群。

B　缺陷位置的确定

一般底片上的影像只能确定缺陷的宽度、长度及相对位置，不能表示缺陷的具体形状，即在照射方向上的大小（即缺陷的厚度）和埋藏的深度。若要测定缺陷的厚度和埋藏的深度，可将 X 光机移动一个角度采用二次拍照的方法。具体办法如图 3-17 所示，将射线源（X 光射线管）从一个位置移到另一个位置（假设距离是 a），工件与胶片的位置不变，这样分别在不同的位置进行曝光，依据它们之间的关系可以计算出缺陷离工件表面的距离（埋藏的深度 x）。

$$\frac{a}{b} = \frac{F-x}{x} \Rightarrow x = \frac{Fb}{a+b} \tag{3-13}$$

式中　a——X 光机移动的距离；

　　　b——两个影像在胶片上的距离；

　　　x——缺陷到工件底面的距离；

　　　F——焦距。

C　缺陷大小的确定

缺陷的性质、位置确定后，有时还需要知道缺陷的大小，以定量评价对工件使用寿命的影响。确定缺陷大小有两种方法。

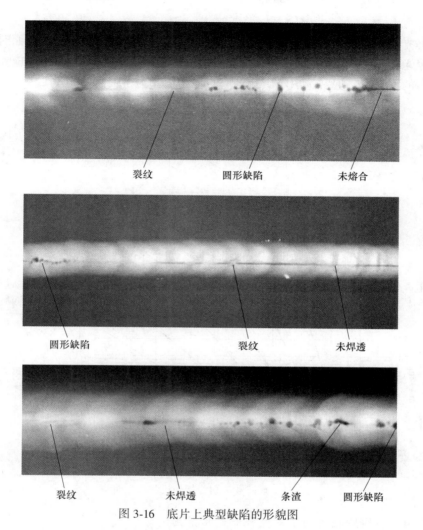

图 3-16 底片上典型缺陷的形貌图

一是根据照片上透度计的影像来判断，假如已知透度计 d_0（已知人工缺陷的大小）和相应影像的大小 d_0'（对应已知人工缺陷在底片上的影像），量出缺陷影像的大小 x_0'，则可计算出缺陷的大小 x

$$x = (d_0/d_0')x_0' \qquad (3-14)$$

二是根据已知的相对灵敏度来判断，因相对灵敏度为 $K = x/T \times 100\%$（一般在测试前会给出，T 是被检工件放置透度计的沿射线透照方向处的厚度），量出底片上缺陷的大小，除以相对灵敏度就是实际缺陷的大小。

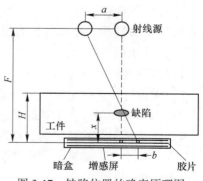

图 3-17 缺陷位置的确定原理图

3.4.1.8 曝光曲线

曝光曲线是反映被检工件厚度、X 射线管电压与曝光量（为 X 射线管电流与曝光时间的乘积）三者之间的关系曲线，如图 3-18 所示。图 3-19 为实际某型号 X 射线探伤机的曝光曲线。

根据曝光曲线可以针对不同厚度的工件选用不同的管电压,管电流和透照时间进行透照。应用曝光曲线时,首先要测出被检工件的厚度,然后在曝光曲线下由相应点找到该厚度工件所需的曝光量。通常选取电压比较低的曝光量(为了提高清晰度)。

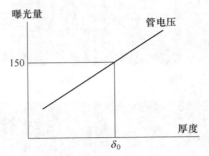

图 3-18　管电压、曝光量和厚度三者之间的关系曲线

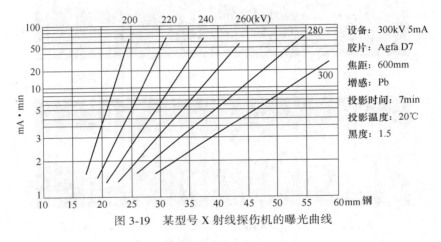

图 3-19　某型号 X 射线探伤机的曝光曲线

3.4.1.9　射线照相法的基本操作和适用范围

射线探伤的基本操作,总体上分为三个阶段,具体操作内容根据具体情况有所删减。首先如图 3-20 所示,把工件、射线源、各个部件布置妥当,然后进行如下操作。

(1) 技术准备阶段:

1) 了解被检对象:包括材质、壁厚、加工工艺、工件表面状态等;

2) 设备选择:射线源类型、能量水平、可否移动等;

3) 选择曝光条件:包括胶片、增感方式、焦距、曝光量、管电压等;

4) 选择透照方式:定向、周向辐射、布片策略等;

5) 其他准备:如标记带布置、透度计布置、屏蔽散射线的方法等。

(2) 实际透照。

1) 核对实物,布片贴标;

2) 屏蔽散射,对位调焦;

3) 设定参数,设备预热;

4) 检查现场,开机透照。

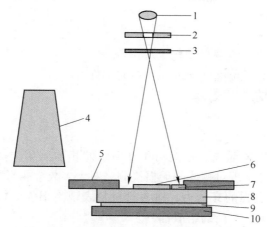

图 3-20　射线照相探伤系统（部件的布置）
1—射线源；2—铅光阑；3—滤板；4—铅罩；5—铅遮板；
6—透度计；7—标记带；8—工件；9—暗盒；10—铅底板

（3）技术处理。

1）暗室处理：冲洗、干燥。

2）底片评定：黑度、像质指数、伪缺陷等；确认合格底片。

3）质量等级评定：根据缺陷类别、严重性，确定产品质量级别。

4）签发检验报告：资料归档，保存 5～8 年。检验报告有统一格式、规定的内容、质检人员要签字、提出返修建议等。

需要明确的是，射线照相法是适用于检出内部缺陷的无损检测方法。它在船体、管道和其他结构的焊缝和铸件等方面应用得非常广泛。对厚的被检物，使用硬 X 射线和 γ 射线，薄的被检物质使用软 X 射线。射线照相能穿透钢铁的最大厚度为 450mm，铜约为 350mm，铝约为 1200mm。

3.4.2　射线探伤荧光屏观察法

射线探伤荧光屏观察法是将透过被检件后的不同强度的射线，再投射在涂有荧光物质的光屏上，激发出不同强度的荧光而得到工件内部的发光图像。其所用的设备主要有 X 光机、荧光屏、观察记录设备、防护及传送工件的装置。

其主要有以下特点：

（1）缺陷的图像不是底片上的黑色影像，而是荧光屏上的发光图像，也不需暗室处理；

（2）能对工件进行连续的检查，并能立即得出结果，可节省大量软片和降低工时；

（3）只能检查较薄的（20mm 以下的钢件，50mm 以下的铝、镁件）结构简单的工件；

（4）与照相法相比，灵敏度较差。

3.4.3　工业 X 射线电视法

等同于荧光屏的观察法，只不过增加图像增强器或增晰像管，电视摄像机和电视接收机等设备。

特点是：

（1）可提高探伤效率，实现自动化流水作业。

（2）灵敏度较低，且只能探伤 40mm 左右的钢件。

（3）成本较高，目前应用较少。

3.4.4　中子射线检测

中子射线照相检测与 X 射线照相检测和 γ 射线照相检测相类似，都是利用射线对物体有很强的穿透能力，来实现对物体的无损检测。对大多数金属材料来说，由于中子射线比 X 射线和 γ 射线具有更强的穿透力，对含氢材料表现为很强的散射性能等特点，从而成为射线照相检测技术中一个新的组成部分。

中子和质子是构成原子核的粒子（见图 3-21）。质子带正电荷，电子带负电荷，而中子呈电中性，发生核反应时中子飞出核外，这种中子流叫中子射线。

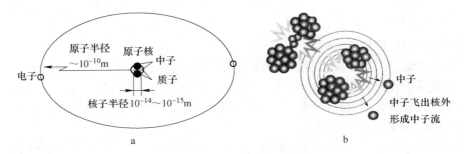

图 3-21　原子结构与核反应示意图

a—原子结构示意图；b—核反应示意图

中子射线具有很强的穿透能力，其取决于材料对中子的俘获能力，中子射线与原子序数无关，重金属元素（如 Pb）对中子的俘获能力很小，轻元素（如 H，B，Li 等）对中子的俘获能力很强；中子对照相不敏感，使用时要将转换屏和胶片配合使用。

中子射线检测多用于以下几种情况。中子照相用于检测火药、塑料和宇航零件等；检查原子数相近，或同元素的不同同位素；检查涡轮叶片孔中含芯砂的清除情况；检查陶瓷中含水情况；检测由含氢、锂、硼物质和重金属组成的物体，检查金属中装有塑料、石蜡等含氢物质的装填情况；检查多层复合材料；检测核燃料元件等。

3.4.5　电离法检测

电离法检测是利用射线电离作用和借助电离探测器使被电离气体形成电离气流，通过电离电流的大小表示射线的强弱。由于工件存在缺陷则作用到电离箱的射线强度不同，从而发现工件中的缺陷。

在用电离法检测时要将射线源放在工件的一侧。当工件内部有缺陷时，透过工件后的射线强度比工件内部无缺陷时的射线强度大，其作用于电离探测器后，即可从电离探测器的指示器上看出其值比无缺陷时大，其原理如图 3-22 所示。

电离法检测的特点：

（1）能对产品进行连续检测，可实现自动化流水探伤；

（2）可在距被检测工件较远的安全地方观察检测结果；

（3）对壁厚的工件，检测时所需时间比照相法短；

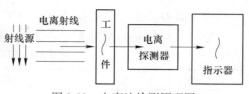

图 3-22 电离法检测原理图

（4）灵敏度低，不能反映细小的缺陷，特别不适用于检测焊缝；

（5）无法判知工件内部缺陷的性质、形状，只能显示缺陷是否存在和相对大小；

（6）对厚度变化的工件不宜检测。

3.5 射线的安全与防护

众所周知，人的身体如果受到超过一定程度的射线辐射时会引起疾病。因此在射线操作时，必须非常谨慎。另外，还应注意射线不仅是笔直地向前发射的，它从被检物、周围的墙壁、地板以及天花板上都会发出散射线。

3.5.1 射线防护的基础知识

（1）吸收剂量（拉德 rd）：单位射线传给每单位质量的被照射物质的能量。吸收剂量率（拉德/秒）：单位时间的吸收剂量（注：在提到吸收剂量时，应指明在什么物质里的吸收剂量）。

（2）照射量（伦琴 R）：是 X 射线或 γ 射线在每单位质量空气内释放出来的所有电子被空气完全阻止时，在空气中产生的任一种符号的（带正电或负电的）离子总电荷。

伦琴指 X 射线或 γ 射线在每千克空气中的电量为 2.58×10^{-4} C。照射率（C/s）：单位时间内的照射量（每秒多少库仑）。

（3）照射量和吸收量的换算。已知某一点的照射量，就可算出某一物质中该点上的吸收剂量，计算步骤如下：

1）将照射量换算为空气中的吸收剂量，即：

$$D_{空} = 0.87 D_x \tag{3-15}$$

式中　　$D_{空}$——空气的吸收剂量；

　　　　D_x——照射量。

2）将空气中的吸收剂量，再换算为该物质的吸收剂量。即：

$$D_{物} = f \times D_{空} \tag{3-16}$$

式中　　f——系数，可由相关手册查出。

（4）剂量当量（雷姆 rem）：剂量当量 H 是吸收剂量 D 与线质系数 Q 及其他修正因子 N 的乘积，即：

$$H = D \times Q \times N \tag{3-17}$$

1rem＝10^{-2}J/kg，在国际单位制中，剂量当量的单位是西弗特（SV），1SV＝1J/kg，

$1rem = 10^{-2}SV$。

线质系数 Q 取决于线能量转移（LET），它是直接电离粒子在其单位长度径迹上消耗的平均能量（单位是 keV/μm），一般 Q 值可查表得。如表 3-2 为不同射线的线质系数。

表 3-2　不同射线的线质系数

照射类型	射线种类	线质系数
外照射	X、γ电子	1
	热中子及能量小于 0.005MeV 的中子	2.3
	0.02MeV 的中能中子	5
	0.1MeV 的中能中子	8
	0.5~10MeV 的快中子	10
	重反冲核	20
内照射	X、γ电子	1
	能量未知的中子、质子和静止质量大于 1 原子质量单位的单电荷粒子	10
	α粒子和多电荷粒子	20

（5）放射性活度（居里 Ci）：一定量的放射性同位素，在单位时间内发生衰变的原子核数目，称为该同位素的放射性活度。

居里指当放射性同位素每秒有 3.7×10^{10} 个原子核衰变，则该物质的放射性活度为 1Ci。

（6）Γ 常数（$R \cdot m^2/(h \cdot Ci)$）：表示活度为 1mCi（毫居里）（或 1Ci）的点状 γ 射线源释放出的 γ 射线在距离射线源 1cm（或 1m）处所产生的照射率（R/h）。

利用 Γ 常数可方便地算出距点状 γ 源 R 处的照射率 P：

$$P = S \times \Gamma / R^2 \quad (R/h) \tag{3-18}$$

式中　S——γ 射线源的活度，mCi。

（7）毫克镭当量

毫克镭当量的定义为，1mg 镭当量的 γ 射线源在空气中距离射线源 1cm 处的照射率为 8.4R/h。

若已测定了一个 γ 射线源为 Mmg 镭当量，则距离射线源 R 处的照射率 P 为：

$$P = 8.4M/R^2 \quad (R/h) \tag{3-19}$$

（8）剂量水平（采用国际放射防护委员会"ICRP"规定标准）。

规定：射线探伤人员最大允许年累积当量剂量为 5rem，平均每小时最大允许剂量当量约为 2.1rem，终生累积剂量当量不大于 250rem。

3.5.2　射线的防护措施

射线对人体有危害，当人体的有机组织受少量射线照射时，其作用并不显著，有机组织能迅速恢复正常，表 3-3 给出了人体受到不同剂量射线照射后的症状。实验证明，当人体每天全身 X 射线照射量不超过 0.05R（0.129×10^{-4} C/kg）时，人体有机组织不会发生任何不可复元的病变。对局部照射（如手、脸）该安全限值还可提高五倍。射线防护的目的是减少受照射剂量。一个人受射线照射的总累积剂量与时间、距离、屏蔽三个因素有关，因此，相应的对射线的防护也有三种方法：即屏蔽防护、距离防护和时间防护。

表3-3 一次全身受到大剂量射线照射后所引起的症状

照射量/R	症 状	治 疗
～25	无明显自觉症状	可不治疗，酌情观察
25～50	极个别人有轻度恶心，乏力等感觉，血液学检查有变化	增加营养，要观察
50～100	极少数人有轻度短暂的恶心，乏力，呕吐，工作精力下降	增加营养，注意休息，可自行恢复健康
100～150	部分人员有恶心，呕吐，食欲减退，头昏乏力，少数人员症状较重，少数人一时失去工作能力	症状明显者要对症治疗
150～200	半数人员有恶心，呕吐，食欲减退，头昏乏力，少数人员症状较重，有一半人员一时失去工作能力	大部分人需要对症治疗，部分人员要住院治疗
200～400	大部分人出现上述症状，不少人症状严重，少数人可能死亡	均需住院治疗
400～600	全部人员无上述症状，死亡率约50%	均需要住院抢救，死亡率取决于治疗的积极性
800以上	一般将100%死亡	尽量抢救，或许对个别人有效

（1）屏蔽防护：是利用各种屏蔽物体吸收射线，以减少射线对人体的伤害。屏蔽物质的厚度计算一般采用减弱系数 K 来查表推算。

1）对 γ 射线：减弱系数

$$K = 100m/R^2 = P/P_安 \tag{3-20}$$

式中 m——γ 射线源的剂量，以克镭当量为单位（1mg 镭当量 = 8.4R/h）；

R——离射线源的距离，m；

P——m 毫克镭当量距 R 米处的剂量率，μR/s；

$P_安$——安全剂量率 2.31μR/s。

2）对 X 射线

$$K = I/R^2 \tag{3-21}$$

式中 I——管电流，mA；

R——距 X 射线管之间的距离，m。

若有些材料没有金属材料厚度与减弱系数 K 的关系曲线，可根据已知金属材料的厚度，采用密度关系求出所需防护层厚度。即容度越大，所需材料的厚度越小。

（2）时间防护：其实质为控制工作人员操作时间，确保每个工作人员均能在允许的剂量下完成操作以达到安全的目的。

允许的工作时间为：

$$t = 0.05(伦)/P \quad (R/h) \tag{3-22}$$

式中 P——该点射线源剂量率，R/h。

（3）距离防护：在没有防护物或防护层厚度不够时，利用增大的距离方法使射线剂量率下降。

1）对 γ 射线：安全距离

$$R = \sqrt{1008N} \ （cm）\tag{3-23}$$

式中　　N——射线源活动性（毫克镭当量）；

2）对 X 射线：安全距离

$$R = \sqrt{Pt/0.05} \ （cm）\tag{3-24}$$

式中　　t——每天工作时间，h；

　　　　P——该点的 X 射线剂量率，$P = 72.8 \ IU^2 Z$（R/s）；

　　　　I——管电流；

　　　　U——管电压；

　　　　Z——阳极靶材料的原子序数。

【例题 3-1】　　对一厚度 50mm 的钢板用 X 射线进行探伤，所用 X 射线探伤机的曝光曲线如图 3-23 所示，底片上看到的是直径约 1mm 的黑色斑点（见图 3-24），为了确定缺陷的埋藏深度，采取二次拍照的方法，焦点的移动距离是 35mm，影像的移动距离是 10mm，照相时的焦距是 80mm（见图 3-25）。照相时采用的是金属丝透度计（底片上金属丝的直径与实际金属丝相等），相对灵敏度是 6%。用的是细颗粒胶片、金属增感屏，散射线的遮挡采用各种铅板或铅箔。请画示意图说出其各个部件的摆放位置，探伤时的具体操作步骤是什么？如何对缺陷进行评价（性质、大小、位置）？

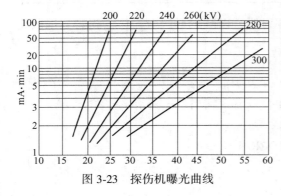

图 3-23　探伤机曝光曲线

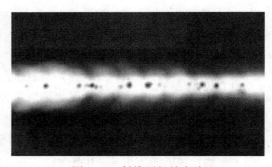

图 3-24　射线照相的底片

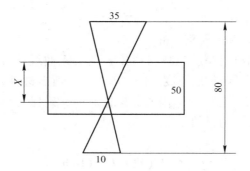

图 3-25　二次拍照示意图

解:

探伤时的摆放方式如图 3-26 所示。

操作步骤是:

(1) 准备,摆放各个部件。

(2) 根据曝光曲线,选择射线能量,曝光量,从图 3-24 中,由工件厚度可选择管电压是 300kV,管电流和曝光时间的乘积是 8mA·min,取管电流为 4mA,曝光时间 2min。

(3) 透度计、增感屏、胶片的选择。

(4) 焦距的选择。探伤操作。

(5) 暗室处理。

(6) 缺陷的评定。

(7) 填写检测报告。

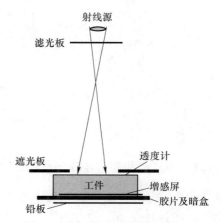

图 3-26 探伤时的摆放位置图

性质:由于照片显示为一些黑色的点状,可判断为夹渣或气孔。

位置:设缺陷离工件表面距离为 X,则根据移动 X 射线管的办法,如图 3-25 所示可以列出如下比例式

$$(50 - X)/10 = (80 - 50 + X)/35$$
$$得 X = 32.1$$

即缺陷在工件中的埋藏深度 32.1mm。

大小:根据相对灵敏度关系式。

6% = 金属丝直径/工件厚度 = 金属丝直径/50,得到金属丝直径 3,即缺陷大小可以确定为 3∶1 = Y∶1。即夹渣的直径是 3mm。

4 超声波检测

4.1 超声波探伤的物理基础

4.1.1 超声波和超声波探伤的概念

超声波是超声震动在介质中的传播，超声波是在弹性介质中传播的机械波。与声波的次声波在弹性介质中的传播类同，区别在于超声波的频率比 20kHz 更高（人耳听到声波的频率为 $20\sim20\times10^3$ Hz），次声波的频率比 20Hz 更低。

超声检测（UT）是把高频声波（通常为 1~5MHz），即超声波脉冲从探头射向被检物，如果其内部有缺陷，则一部分入射的超声波在缺陷处被反射，利用探头能接受信号的性能，可以不必损坏被检物而检出缺陷的部位及其大小。

4.1.2 超声波的产生和接收

超声波产生的方法一般有机械法、热学方法、电动方法、磁滞伸缩、压电法等，其中探伤应用最多的是压电法。

4.1.2.1 压电效应及压电材料

压电法产生超声波的方法核心是利用压电晶体来实现的。试验发现，某些晶体材料（如石英晶体）做成的晶体薄片，如图 4-1 所示，当其受到拉伸或压缩时，表面就会产生电荷；此现象称为正压电效应；反之，当对此晶片施加交变电场时，晶体内部的质点就会产生机械振动，此现象称为逆压电效应。具有压电效应的晶体材料就称为压电材料。

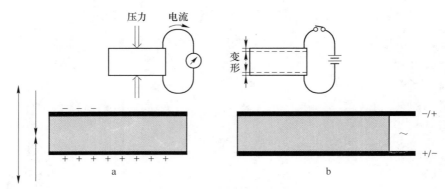

图 4-1 压电法产生超声波

a—正压电效应；b—逆压电效应

压电晶体的特性：有正压电效应和逆压电效应，即受拉应力或压应力而变形时，会在晶片表面出现电荷，反之，在受电荷或电场作用下面发生变形。

晶片就是将压电材料切成能够在一定频率下共振的片子。通过其厚度可以调整超声波的频率。一般呈反比关系。

压电材料是指用必要成分的原料进行混合、成型、高温烧结，由粉粒之间的固相反应和烧结过程而获得的微细晶粒无规则集合而成的多晶体。如：钛酸钡 BT、锆钛酸铅 PZT、铌酸铅钡锂 PBLN、水晶（石英晶体）、镓酸锂、锗酸锂等，如图 4-2 所示。

常见的产生超声波的压电晶体有：

（1）锆钛酸铅（PZT）：灵敏度高、成本低、工艺简单。

（2）石英（SiO_2）、水晶。

（3）钛酸钡（$BaTiO_3$）、硫酸锂。

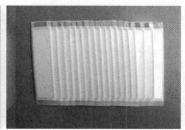

图 4-2　几种压电晶体材料图

4.1.2.2　超声波的发射和接收

将超声波传到晶片上，晶片就会振动，在晶片的两电极间就会产生频率与超声波相等，强度与超声波成正比的高频电压。反之亦然。

（1）发射。在压电晶片制成的探头中，对压电晶片施以超声频率的交变电压，由于逆压电效应，晶片中就会产生超声频率的机械振动——超声波；若此机械振动与被检测的工件较好地耦合，超声波就会传入工件——超声波的发射。

（2）接收。若发射出去的超声波遇到界面被反射回来，又会对探头的压电晶片产生机械振动，由于正压电效应，在晶片的上下电极之间就会产生交变的电信号。将此电信号采集、检波、放大并显示出来，就完成了对超声波信号的接收。

超声波频率的调整是通过改变交变电场的频率或晶片尺寸（晶片厚度）来实现的。

4.1.3　超声波的种类和特点

超声波有很多分类方法，介质质点的振动方向与波的传播方向之间的关系是研究超声波在介质中传播规律的重要理论根据。

4.1.3.1　纵波（L 波）

介质中质点的振动方向与波的传播方向相同的叫纵波，用 L 表示，如表 4-1 所示。介质质点在交变拉压应力的作用下，质点之间产生相应的伸缩变形，从而形成纵波。纵波传播时，介质的质点疏密相间，所以纵波有时又被称为压缩波或疏密波。

固体介质可以承受拉压应力的作用，因而可以传播纵波，液体和气体虽不能承受拉应力，但在压应力的作用下会产生容积的变化，因此液体和气体介质也可以传播纵波。

表 4-1　纵波及特点

	质点振动方向平行于波的传播方向	固体、液体、气体	钢板、锻件检测等

纵波声速 c_L 的计算公式见式（4-1）：

$$c_L = \sqrt{\frac{E}{\rho}} \sqrt{\frac{1-\mu}{(1+\mu)(1-2\mu)}} \qquad (4\text{-}1)$$

式中　E——介质的弹性模量；

　　　ρ——介质的密度；

　　　μ——介质的泊松比。

4.1.3.2　横波（S 波）

介质中质点的振动方向垂直于波的传播方向的波叫横波，用 S 或 T 来表示，如表 4-2 所示。

表 4-2　横波及特点

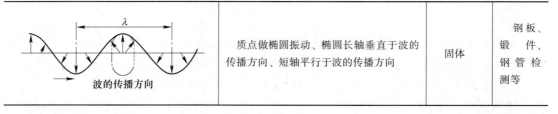	质点振动方向垂直于波的传播方向	固体	焊缝、钢管检测等

横波的形成是由于介质质点受到交变切应力作用时，产生了切边形变，所以横波又叫作切变波。液体和气体介质不能承受切应力，只有固体能够承受，因而横波只能在固体介质中传播，不能在液体和气体中传播。

横波声速 c_S 的计算公式见式（4-2）：

$$c_S = \sqrt{\frac{E}{\rho}} \sqrt{\frac{1}{2(1+\mu)}} \qquad (4\text{-}2)$$

4.1.3.3　表面波（R 波）

当超声波在固体介质中传播时，对于有限介质而言，有一种沿介质表面传播的波叫表面波，如表 4-3 所示。1885 年瑞利（Raleigh）首先对这种波给予理论上的说明，因此表面波又称为瑞利波，常用 R 表示。

表 4-3　表面波及特点

质点做椭圆振动、椭圆长轴垂直于波的传播方向、短轴平行于波的传播方向	固体	钢板、锻件、钢管检测等

超声波在介质表面以表面波的形式传播时，介质表面的质点作椭圆运动，椭圆的长轴

垂直于波的传播方向，短轴平行于波的传播方向，介质质点的椭圆振动可视为纵波与横波的合成。表面波同横波一样只能在固体介质中传播，不能在液体和气体介质中传播。

表面波的能量随着在介质中传播速度的增加而迅速降低，其有效透入深度大约为一个波长。此外，质点振动平面与波的传播方向相平行时称 SH 波，也是一种沿介质表面传播的波，又叫乐埔波（Love wave），但目前尚未获得实际应用。

表面波声速 c_R 的计算见式（4-3）：

$$c_R = \frac{0.87 + 1.12\mu}{1 + \mu} \sqrt{\frac{G}{\rho}} \qquad (4-3)$$

式中，G 为介质的剪切弹性模量。

4.1.3.4 板波

在板厚和波长相当的弹性介质中传播的超声波叫板波（或兰姆波）。板波传播时薄板的两表面和板中间的质点都在振动，声场遍及整个板的厚度。薄板两表面质点的振动为纵波和横波的组合，质点振动的轨迹为一椭圆，在薄板的中间也有超声波传播，如表 4-4 所示。

表 4-4　板波及特点

对称性（S 型）		上下表面：椭圆振动 中　心：纵向振动	固体（厚度与波长相当的薄板）	薄板、薄壁钢管（$\delta < 6mm$）
非对称（A 型）		上下表面：椭圆振动 中　心：横向振动	固体（厚度与波长相当的薄板）	薄板、薄壁钢管（$\delta < 6mm$）

板波按其传播方式又可分为对称性板波（S 型）和非对称性（A 型）板波两种类型；

S 型：薄板两面有纵波和横波成分组成的波传播，质点的振动轨迹为椭圆。薄板两面质点的振动相位相反，而薄板中部质点以纵波形式振动和传播。

A 型：薄板两面质点的振动相位相同，质点振动轨迹为椭圆，薄板中部的质点以横波形式振动和传播。

超声波在固体中的传播形式是复杂的，如果固体介质有自由表面时，可将横波的振动方向分为 SH 波和 SV 波来研究。其中 SV 波是质点振动平面与波的传播方向垂直的波，在具有自由表面的半无限大介质中传播的波叫表面波。如果是细棒材、管材或薄板，且当壁厚与波长接近时，则纵波与横波受边界条件的影响，不能按原来的波形传播，而是按照特定的形式传播。超声波在特定的频率下，被封闭在介质侧面之中的先行叫波导，这时候传播的超声波统称为导波。

超声波的分类方法很多，主要的分类方法还有，按波振面的形状分类、按振动的持续时间分类等，如图 4-3 所示。

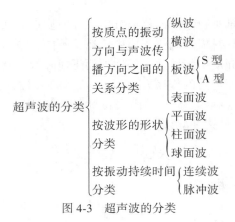

图 4-3　超声波的分类

4.1.4　声场的形状和特征

声场是指声源在介质中辐射的声波充满周围的空间。声场的形状决定于声源的直径和声波的辐射频率（或波长），声场的形状一般为圆形和矩形。声场圆锥张开角的半值，称为张开角 θ（或称指向角、扩散角）。

对于圆形声场，其张开角

$$\theta = \arcsin 1.22(\lambda/D) \tag{4-4}$$

式中，D 为声源直径；λ 为声波波长。

对于矩形声源，其张开角

$$\theta = \arcsin(\lambda/a) \qquad 声源在 a 边面上 \tag{4-5}$$

$$\theta = \arcsin(\lambda/b) \qquad 声源在 b 边面上 \tag{4-6}$$

式中，a、b 为声源所在的边长；λ 为声波波长。

声场的特性是指声场的指向性（希望超声波具有单方向发射的特性，即张开角越小越好）。其取决于声源的尺寸和波长之比（即 D/λ）。

对超声探伤而言，一般要考虑近场区的长度 N（声轴线上最后一个声压极大值点至声源的距离称为近场长度），如图 4-4 所示，N 越小越好。它可以通过声源的尺寸和波长来计算，如式（4-7）所示。

$$N = D^2/4\lambda \tag{4-7}$$

式中，D 是声源的直径；λ 是超声波的波长。

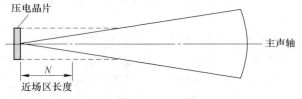

图 4-4　声场指向图

4.1.5　超声波的基本性质

超声波的基本性质有，直线传播，符合几何光学定律；像光波一样，方向性好；束射性，像手电筒的光束一样，能集中在超声场内定向辐射；具有较强的穿透性，因为声强正比于频率的平方；所以，超声波的能量比普通声波大100万倍！可穿透金属达数米！但有衰减，主要是扩散、散射和吸收造成的；只能在弹性介质中传播，不能在真空（空气近似看成真空）中传播；遇到界面将产生反射、折射和波型转换现象；对人体无害，优于射线的性质。

4.2 超声波探伤的基本原理

4.2.1 超声波在界面上的反射、折射和穿透现象

当超声波传到缺陷，被检测物底面或异种金属结合面处的不连续部分时，会发生反射、透射和折射现象。

4.2.1.1 垂直入射时的反射和穿透

当超声波从一种介质垂直入射到第二种介质上时，则入射波能量的一部分透过界面在第二种介质中继续按原方向传播，这为透射波，另一部分能量被界面反射回来，仍在第一种介质中传播，这为反射波，如图4-5所示。

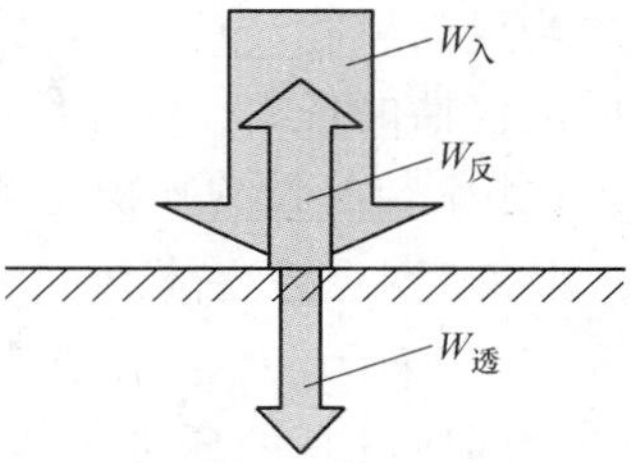

反射系数　　$K = W_反 / W_入 \times 100\%$　　　　(4-8)

几种常见材料在界面的反射系数如表4-5所示。可见，材料性质差异越大，反射系数越大。反射现象，对发射超声波不利，对脉冲反射法接收有利。反射系数 K 值的大小，决定于相邻介质的声阻抗之差：$\Delta Z = |Z_2 - Z_1|$。

图4-5　超声波在介质中的传播

ΔZ 越大，K 值越大。而与何者为第一介质无关。

表4-5　常见材料之间的界面反射系数

界面材料	反射系数 $K/\%$
钢-钢	0
钢-变压器油	81
钢-有机玻璃	77
钢-水	88
有机玻璃-变压器油	17
钢-空气	100
有机玻璃-空气	100

4.2.1.2 斜射时的折射和穿透

当超声波由一种介质斜射到另一种介质时，在界面上会发生折射、反射和波形变换现象。

图4-6所示是纵波 L 从有机玻璃倾斜入射到钢中，产生反射的纵波 L_1 和折射的纵波 L_2，同时发生波形变换现象而产生反射的横波 S_1 和折射的横波 S_2。由反射定律和折射定律即式（4-8）：

$$\frac{\sin\alpha_L}{c_{L_1}} = \frac{\sin\gamma_L}{c_{L_1}} = \frac{\sin\gamma_S}{c_{S_1}} = \frac{\sin\beta_L}{c_{L_2}} = \frac{\sin\beta_S}{c_{S_2}} \tag{4-8}$$

式中，L 为入射纵波；α 为纵波入射角；L_1 为反射纵波；α_L 为纵波 L_1 反射角；S_1 为反射横波；α_s 为横波 S_1 反射角；L_2 为折射纵波；β_L 为纵波 L_2 折射角；S_2 为折射横波；β_s 为横波 S_2 折射角；C_{L_1} 为纵波在第一介质中的传播速度；C_{S_1} 为横波在第一介质中的传播速度。

当 $\beta_L = 90°$ 时，第二介质中只有横波。此时对应的纵波入射角 α，叫作第一临界角，记为 α_{1m}（由纵波取得横波）。

当使 $\beta_s = 90°$ 时，第二介质中只有纵波。此时对应的纵波入射角 α 叫作第二临界角，记为 α_{2m}（由纵波取得纵波）。

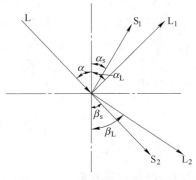

图 4-6　超声纵波斜射时在界面处的光路图

4.2.1.3　超声波绕射现象

当界面尺寸（或缺陷尺寸）$d_f < \lambda/2$ 时（λ 为声波波长），声波能绕过缺陷界面而继续向前传播的现象，叫作绕射，如图 4-7 所示。因此，要想提高探伤灵敏度，必须提高频率 f（频率与波长的乘积是个常数），以便发现更小的缺陷。

4.2.1.4　声学术语

（1）声压（P）：在有声波传播的介质中，某一点在某一瞬间所具有的压强与没有声波存在时该点的静压强之差。声压是个变量，一般写成：

$$P(tx) = P\cos(\omega t + \Phi) \tag{4-9}$$

其中：
$$P = \rho cu \tag{4-10}$$

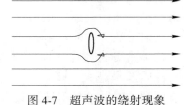

图 4-7　超声波的绕射现象

式中，t 为时间；x 为位置；ω 为角速度；Φ 为相位差；ρ 为介质密度；c 为介质速度；u 为质点振动速度。

（2）声强（I）：在垂直于声波传播方向上，在单位时间内，单位面积上所具有的声能量

$$I = P^2/2\rho c \text{。} \tag{4-11}$$

（3）声阻抗（Z）：介质中某处的声压与该处质点的振动速度之比称作声阻抗，常用 Z 表示，单位为 $g/(cm^2 \cdot s)$ 或 $kg/(cm^2 \cdot s)$。把介质密度 ρ 与声速 c 的乘积称为介质的声阻抗。

$$Z = \rho c \tag{4-12}$$

（4）反射率（R）：当声波由一种介质进入到另一种介质时，产生反射，其反射率 R 是：

$$R = (Z_2\cos\alpha_L - Z_1\cos\gamma_L)/(Z_2\cos\alpha_L + Z_1\cos\gamma_L) \tag{4-13}$$

当超声波垂直入射界面时：反射率

$$R = (Z_2 - Z_1)/(Z_1 + Z_2) \tag{4-14}$$

与超声波垂直入射界面时，透过率 T：

$$T = 2Z_2/(Z_1 + Z_2) \tag{4-15}$$

式中，Z_1，Z_2 分别为两种介质的声阻抗；α_L 为超声波的入射角；γ_L 为超声波的折射角。

（5）耦合剂：借助探头与工件表面之间涂敷的液体，排除空气间隙以实现声能的传递，这种液体称为耦合剂。当两种介质的声阻抗相差很大时，探头和工件之间由于气隙的

存在影响超声能量的进入，难于进入超声波检测，为此必须加入耦合剂。

常用的耦合剂：1）被检物表面光滑时：机油、合成浆糊、水；2）被检物表面粗糙时：甘油、水玻璃。

耦合剂应具备的性质：浸润性好，声阻抗与被检材料一致，对人体无害，对工件无腐蚀，易清除，来源方便，价格低廉。

4.2.2 超声波的衰减现象和原因

4.2.2.1 衰减现象

超声波在介质中传播时，随着传播距离的增加，其能量逐渐减弱的现象，如图4-8所示，这里，$B_1 \sim B_6$ 代表超声波在工件底面的 6 次反射波。波高 h 依次递减。

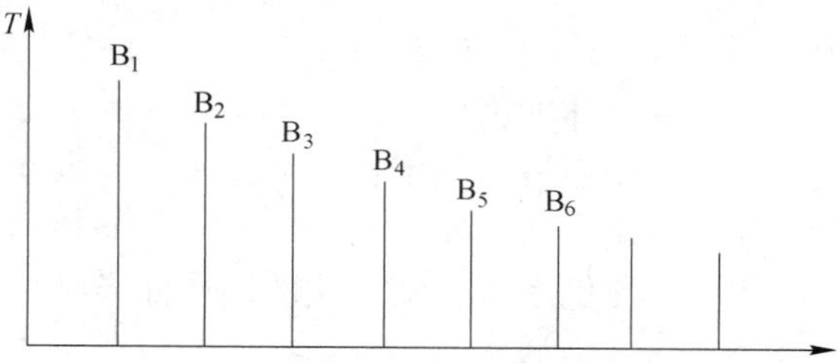

图 4-8 超声回波的衰减现象

4.2.2.2 衰减的原因

声波衰减的主要原因有：声波传播时扩散造成的衰减，散射引起的衰减，介质吸收引起的衰减。

（1）散射：是超声波在不均匀的和各向异性的金属晶粒（多晶体金属）的界面上，产生不规则的反射和折射，在荧光屏上出现林状回波干扰信号，使信噪比下降，降低检测灵敏度，如图4-9所示。

散射现象取决于材料内部组织、波长和不同介质界面的形状，内部组织（第二相、粗晶）尺寸与声波波长相等时，散射最严重。

（2）吸收：是由于金属晶粒在声源激发振动时晶粒间互相摩擦，使部分的超声波能量转变为热能。

吸收的大小与介质的黏滞系数、导热系数以及频率的某次方成正比，而与声速的三次方和密度成反比。

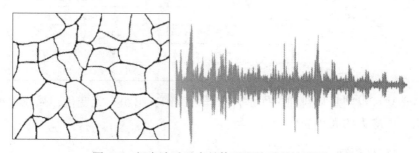

图 4-9 超声波透过多晶体后所接受的波形图

（3）扩散：是在传播过程中，传播张角不断扩展加大，因而使单位面积的能量减弱。扩散取决于波的几何形状（球面波、粒面波、平面波等），而与传播介质的性质无关。

4.2.2.3 衰减规律

当声强为 I_0 的声源穿过厚度为 S 的物体后（或传播距离为 S），其声强变为 I，两者的关系见式（4-13）：

$$I = I_0 \, e^{-2\beta S} \tag{4-16}$$

式中　I_0——声波入射时声源的强度；

　　　β——衰减系数（$\beta = \beta_a + \beta_s$），$\beta_a$吸收系数，$\beta_s$散射系数；

　　　S——超声波传播距离。

在液体中：

$$\beta = \beta_a = 8\pi^2 f^2 \eta / 3\rho c^3 \tag{4-17}$$

在固体和金属介质中：

$$\beta = \beta_a \times \beta_s = Af^2 + Bf^2 \tag{4-18}$$

式中　η——液体的黏滞系数；

　　　ρ——液体的密度；

　　　f——超声波的频率；

　　　c——超声波声速；

A，B——比例系数，随介质的性质而异。

4.2.2.4　衰减系数（β）

规定为二个声波声强之比的常用对数的十分之一，单位为分贝（dB）。

即：$\qquad$分贝数 $= 10\lg\,(I_1/I_2) = 20\lg\,(P_1/P_2)$（dB）$\tag{4-19}$

如 1dB 与 0.1dB 指大约变化约 10% 和 1%。若某种物质的衰减系数为 1dB/mg，则指每传播 1mm，声压大约衰减 10%。（20dB 就是 10 的一次方，衰减 20dB 与减少到十分之一是等价的，40dB 就是减少到百分之一）。

分贝是声压级单位，记为 dB 。用于表示声音的大小。1dB 大约是人刚刚能感觉到的声音。适宜的生活环境不应超过 45dB，不应低于 15dB。不同分贝数的感觉如表 4-6 所示。

表 4-6　不同分贝数声音的状况表

分贝区间/dB	人体感受
0~20	很静、几乎感觉不到
20~40	安静、犹如轻声语
40~60	一般普通室内谈话
60~70	吵闹、有损神经
70~90	很吵、神经细胞受到破坏
90~100	吵闹加剧、听力受损
100~120	难以忍受、待 1min 即暂时致聋

利用声衰减可以判断材料和工件是否有异常组织，组织有无变化，晶粒大小，热处理和应变情况，内应力的大小和位错密度等。

4.2.3　超声波探伤原理

超声波探伤常用脉冲反射法，它是指在垂直探伤时用纵波，在斜射探伤时用横波，把超声波入射到被检物的一面（在检测面与探头之间用油等作耦合剂接触良好），然后接受从缺陷处反射回来的回波，根据回波来判断缺陷的情况。如图 4-10 所示，把高频电压加到超声波探头上，探头产生的超声波入射到被检工件，碰到缺陷后把超声波反射回探头，转换成电信号，经放大处理后把信息显示在示波管中。据此判断工件中是否存在缺陷。

脉冲反射法超声波检测就是利用超声波在传播过程中，遇到声阻抗较大的异质界面时，将产生反射的原理来实现对内部缺陷检测的。

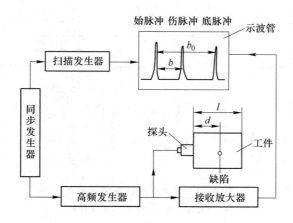

图 4-10　脉冲超声波探伤原理图

4.2.3.1　垂直探伤法

把脉冲振荡器发生的电压加到晶片上，晶片振动，发生超声波脉冲，超声波脉冲的一部分从缺陷反射回到晶片（叫缺晶回波）。另外，不碰到缺陷的超声波脉冲就在被检物底面反射回来（叫底面回波）。因此缺陷处反射的超声波先回到晶片，后回到晶片的是底面反射回来的超声波，回到晶片上的超声波又反过来被转换成高频电压，通过接收器进入示波器，同时，振荡器所发生的高频电压也直接进入接收器内。

当在示波器横坐标上以脉冲振荡器的起振荡时间为基点，把辉点向右移动时，在示波器上可以得到如图 4-11 所示的波形图。由此图就可以看出有没有缺陷、缺陷的部位及其大小。

采用单一探头，既作发射器件，又作接收元件，以脉冲方式间歇地向工件发射超声波；接收到的回波信号经功能电路放大、检波后，在探伤仪的示波屏上，以脉冲信号显示出来。

根据探伤仪示波屏上，始波 T、伤波 F、底波 B 的有无、大小及其在时基轴上的位置可判断工件内部缺陷的有无、大小和位置，如图 4-12 所示。

（1）无缺陷。示波屏上只有始波 T 和底波 B，而且底波较高；

（2）小缺陷。示波屏上不仅有始波 T 和底波 B；而其间还有伤波 F；相对（1）无缺陷的情况，底波变矮；

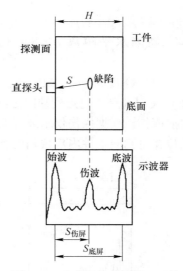

图 4-11　垂直探伤时缺陷、工件尺寸与波形关系示意图

（3）大缺陷。示波屏上只有始波 T 和伤波 F，没有底波 B。相对（2）而言，伤波变高。

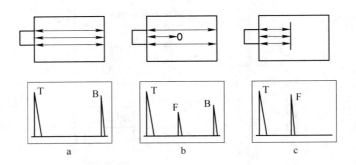

图 4-12　直探头测伤缺陷显示图

a—无缺陷；b—小缺陷；c—大缺陷

4.2.3.2　斜射探伤法

超声波在被检物中是斜向传播的，如图 4-13 所示，一般在示波器上不会显示出底面回波。斜探头的主要参数：

（1）横波折射角 β_s，简称折射角 β；

（2）探头 K 值：$K = \tan\beta = L/h$；

（3）超声波频率：f；

（4）缺陷水平距离 $L = S \cdot \sin\beta$；

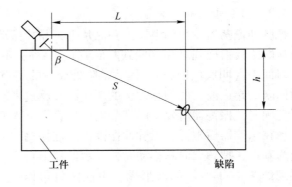

图 4-13　斜射探伤法

（5）缺陷深度 $h = S \cdot \cos\beta$；

（6）波程 S 是入射点到缺陷之间的距离。

斜射探伤，根据探伤仪示波屏上，始波 T、伤波 F、底波 B 的有无、大小及其在时基轴上的位置可判断工件内部缺陷的有无、大小和位置，如图 4-14 所示。

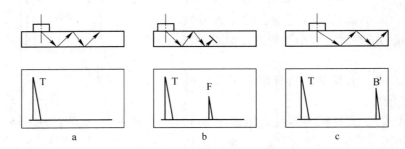

图 4-14　斜探头测伤缺陷显示图

a—无缺陷；b—有缺陷；c—特殊情况

（1）无缺陷 —— 示波屏上只有始波 T，也没有底波；

（2）有缺陷——示波屏上只有始波 T 和伤波 F，无底波 B；

（3）特殊情况——示波屏上只有始波 T 和底波 B。

这是超声波恰好传射到工件的端角部位产生的反射造成的，这也是利用斜射探伤确定缺陷位置时得到的假想底面回波信号。

4.3 超声波探伤的技术

4.3.1 超声波探伤分类

4.3.1.1 按其工作原理不同分

按超声波探伤的工作原理可分为：共振法、穿透法、脉冲反射法超声检测。

（1）脉冲反射法：根据缺陷的回波和底面的回波来进行判断，如图 4-15 所示，探头与工件紧密接触（一般加耦合剂），通过示波器接收相关信号。

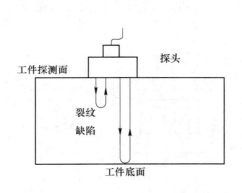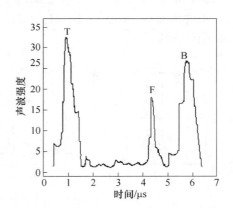

图 4-15 脉冲反射法原理与波谱图

（2）穿透法：根据缺陷的影形来判断缺陷情况。在被检工件相对两侧各放一个探头，其中一个探头向工件内发射超声波，另一个探头接受超声波。优点是几乎不存在盲区，声程衰减少，缺点是由于声波衍射现象降低检测灵敏度，不能对缺陷定位。

（3）共振法：由被检物所发出的超声驻波（两列行进方向相反、频率波长相等的声波）来判断缺陷情况，如图 4-16 所示。

4.3.1.2 按缺陷显示的方式分

可将超声波检测仪分为 A 型、B 型和 C 型等三种类型，如图 4-17 所示。

（1）A 型显示检测仪：是一种波形显示，检测仪示波屏的横坐标代表声波的传播时间（或距离），纵坐标代表反射波的幅度。由反射波的位置可以确定缺陷的位置，而由反射波的波高则可估计缺陷的性质和大小。

（2）B 型显示检测仪：是一种图像显示，检测仪示波屏的横坐标是靠机械扫描来代表探头的扫查轨迹，纵坐标是靠电子扫描来代表声波的传播时间（或距离），因而可直观

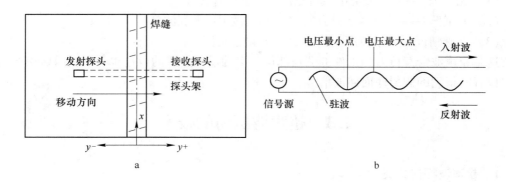

图 4-16　超声波探伤原理示意图

a—穿透法；b—共振法

地显示出被探工件任一纵截面上缺陷的分布及缺陷的深度。

（3）C 型显示检测仪：C 型显示也是一种图像显示，检测仪示波屏的横坐标和纵坐标都是靠机械扫描来代表探头在工件表面的位置。探头接收信号幅度以光点辉度表示，因而当探头在工件表面移动时，示波屏上便显示出工件内部缺陷的平面图像（顶视图），但不能显示缺陷的深度。

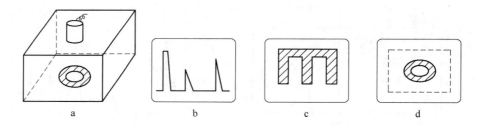

图 4-17　超声波探伤缺陷不同的显示方式

a—缺陷在工件中的位置；b—A 型显示；c—B 型显示；d—C 型显示

4.3.2　超声波探伤步骤

超声波在探伤时，一般按照以下步骤来实施。

（1）对检测对象的了解与要求。应了解：被检件材料牌号、热处理状态、制造方法、表面状态、最大可能的加工余量，缺陷的种类及形成原因、缺陷的最大可能取向及大小、受检部位、受力方向及验收标准。

要求：入射面的表面粗糙度，一般为 $1.6 \sim 3.2 \mu m$；在供货状态下进行检测。

（2）入射方向和探测面的选择。入射方向的选择应使声束中心线与缺陷面（一般先在低倍显微镜下观察）特别是与最大受力方向垂直的缺陷面尽可能地接近垂直。

（3）对频率的选择。频率上限一般由衰减（底面波出现状况）和草状回波信号的大小来决定。频率下限由探测灵敏度，脉冲宽度及指向性决定。

（4）对探头的选择。

1）晶片的选择：被检对象形状复杂的应选择直径小一些的晶片（$\phi 5 \sim 10 mm$），厚壁大件选择直径大一些的晶片（φ20mm 以上）。

2）探头型式的选择：选择直探头，还是斜探头主要取决于欲发现缺陷的部位及方位。

例如：锻压件：用直探头；焊缝：用斜探头

（5）对耦合剂的选择，常用机油和水。原则：来源方便、无害无腐蚀、浸润好、声阻抗适宜、耦合剂膜越薄越好。

（6）扫查：探伤面上探头与试件的相对运动。

扫查的原则：保证试件的整个区域有足够的声束覆盖以免漏检；保证声束入射方向始终符合所规定的要求。一般是逐行扫查，不能来回扫查。

扫查时应该注意的问题：

1）扫查速度：取决于探头的有效尺寸和仪器的重复频率；

2）接触的稳定性：在扫查过程中应给探头适当的和一致的压力，使耦合剂接触良好；

3）方向性：探头的方向应严格按照扫查方式规定的执行；

4）同步与协调：针对双探头法探伤而言。

4.3.3 超声波探伤探头

超声波探头是实现电能和声能相互转换的一种换能器件。图 4-18 和图 4-19 为直探头和斜探头的结构示意图，探头由壳体、接头、阻尼快、压电晶片、保护膜、斜楔等部件组成，各部分的作用如下。

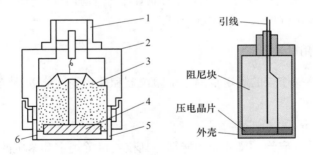

图 4-18 纵波直探头（型号 2.5P20）

1—接头；2—壳体；3—阻尼块；4—压电晶片；5—保护膜；6—接地环

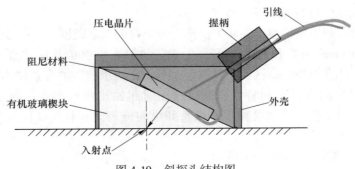

图 4-19 斜探头结构图

（1）接头。与电源连接，一般是带螺纹的金属。

（2）楔块（斜楔）：主要用于波形转换，有时也起保护膜的作用，一般用有机玻璃制成。

（3）吸收块（阻尼块）：用以增大晶片的振动阻尼，并吸收晶片背面发出的超声波。目的是为了使晶片在停止电脉冲后，易停止，提高探头分辨缺陷能力。

（4）压电晶片：用于超声波的发射和接收，超声波的频率与压电晶片的厚度成反比。

（5）保护膜：避免晶片与工件表面接触移动摩擦时损坏。

对平滑表面：用氧化铝、蓝宝石或碳化硼制成硬保护膜。

对粗糙表面：用零点几毫米厚的可更换塑料制成软保护膜。

（6）匹配线圈：为了使从仪器中获得最大的输出功率。

探头主要有以下几种：

（1）直探头（平探头）：用来发射及接收纵波，主要用于探测基本平行探测面的平面型缺陷。对锻、铸件、板材较为适用。

（2）斜探头：用于发射和接收横波，主要用于探测与探测面成一定角度的平面型及立体型缺陷。对焊缝管材较为适用。

（3）联合双探头：利用声能集中区以提高信噪比，提高探测灵敏度。

1）纵波联合双探头：一个用于发射，一个用于接收，并且都有各自的延迟块。

2）横波联合双探头：将两个横波斜探头向中偏一个内倾角构成。

（4）液浸探头：将工件和探头均浸于水中进行探伤。水为耦合剂，避免声能的衰减。

（5）液浸聚焦探头：在液浸法平探头的晶片平面上加上声透镜，由于在聚焦区超声束宽度被减小，从而声强增大，灵敏度增高。

4.3.4　超声波探伤用试块

用来确定和调整探伤仪的测定范围，检验仪器和探头的性能以及确定探伤灵敏度和评价缺陷大小。

4.3.4.1　标准试块（STB）

标准试块是材质、形状、尺寸和性能都经某权威机关规定和鉴定的试块。用来测试探伤仪的性能或调整探伤灵敏度，调整时间轴的测定范围等。

（1）IIW 试块也称荷兰试块。是由国际焊接学会（IIW）通过，国际标准化组织（ISO）推荐使用的国际标准试块。如图 4-20 所示。

其使用包括，利用试块厚 25mm 可以测定探伤仪的动态范围，水平线性及调整纵波探测范围；利用 ϕ50mm 圆弧和 ϕ1.5mm 通孔测定斜探头折射角及纵波直探头的灵敏度余量。还可粗略估计直探头的盲区大小及测定仪器与探头组合后的穿透能力；利用 R100mm 圆弧面测定斜探头的入射点和盲区，并可校正时间轴比例和零点；利用测距为 85mm、91mm 和 100mm 三个槽口平面可测定直探头和纵向分辨力；利用试块的直角棱边测定斜探头声速偏斜角。

（2）CSK-1A 试块，如图 4-21 所示。

（3）CS-1 试块，如图 4-22 所示。

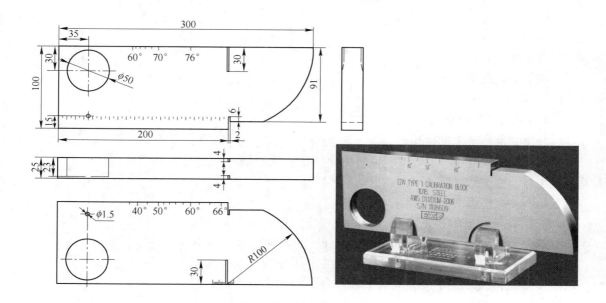

图 4-20 IIW 试块图及相应的实物图

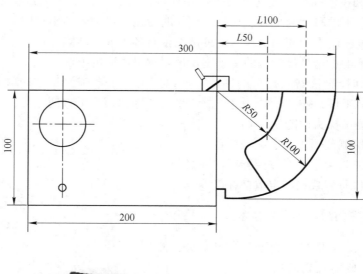

图 4-21 CSK-1A 试块及相应实物图

尺寸参数：

高 $H = 225$mm。

直径 $\Phi 70$mm；

底部平底孔 $\Phi 2$mm；

孔深 $h = 25$mm。

4.3.4.2 对比试块（RB）

对比试块是特定试件用的试块（如特殊的厚度与形状等），用来调整探伤仪的参考灵敏度，调整测定范围，比较缺陷大小。一般用与被检工件材质相同或相近的材料制作。

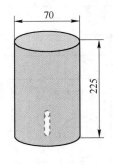

图 4-22 CS-1 试块

超声波探伤用试块的作用：

（1）确定合适的检测方法；有时在探伤之前，我们就预先知道或大致知晓缺陷可能发生在什么部位；也有时仅仅需要探测某一部位有无缺陷。我们可以应用在某个部位带有某种人工缺陷（平底孔、凹槽等）的试块来摸索合适的探伤方法。一般来说，在这样的试块上摸索到的规律，也适用于与试块材质、尺寸相同的工件。

（2）确定和校验检测灵敏度；大多数探伤仪都有较大的灵敏度调整范围，以便能够探测不同种类、不同厚度的工件。在每次探伤时使用的灵敏度各不相同。为了确定探伤时所采用的灵敏度，就需要使用试块，这种试块带有各种人工缺陷。用人工缺陷波检测，波高表示探伤灵敏度，这是最常用的一种定量地表示灵敏度的方法。

（3）测试和校验仪器和探头的性能；可以用电子仪器来测试超声波探伤仪的性能，但是对于使用者来说，往往不具备这种测试手段。因此，为了方便起见，人们常采用试块来校验仪器和测试探头性能。

（4）调节探测范围，确定缺陷位置。

（5）评价缺陷大小，对被探测工件评级和判废。

（6）测量材质衰减和确定耦合补偿等。

4.3.5 超声波探伤缺陷的评定技术

缺陷的评定，一般是指确定缺陷的位置、大小和性质。

4.3.5.1 缺陷位置的确定

缺陷位置一般指缺陷在空间 x、y、z 三个方向的位置，如图 4-23 所示缺陷在工件中的空间概念。

A   缺陷位置

缺陷在探测面上投影位置的确定（即 x 或 y 位置）。

用直探头探伤时：$L = 0$，即缺陷就在探头的下面，见图 4-24a。

用斜探头探伤时：见图 4-24b 和图 4-13。

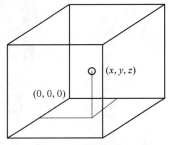

图 4-23 工件与缺陷位置（圆圈）关系示意图

$$L = S \times \sin\gamma \tag{4-20}$$

式中　L——入射点到缺陷的水平距离；

　　　γ——折射角；

　　　S——探测面的入射点至缺陷的波程。

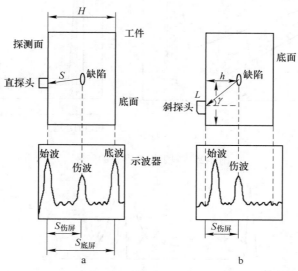

图 4-24　垂直探伤（a）和斜射探伤（b）缺陷、工件尺寸与波形关系示意图

B　缺陷深度

缺陷存在深度的确定（即 Z 值的大小）。

用直探头时：$h = S$；用斜探头时：

$$h = S \times \cos\gamma \tag{4-21}$$

C　缺陷波程 S 的测定

固定标尺法：指荧光屏窗口设置的刻度标尺。利用此标尺来反映始波与伤波，始波与底波之间的关系。

即

$$\frac{h_{伤}}{S_{伤屏}} = \frac{H}{S_{底屏}}$$

用直探头时：$h_{伤} = H S_{伤屏} / S_{底屏}$ \qquad (4-22)

式中　$h_{伤}$——缺陷与工件的探测面距离（即为 S）；

　　　H——工件的厚度；

　　$S_{伤屏}$——缺陷波和始波在固定标尺上的距离读数；

　　$S_{底屏}$——底波与始波间在固定标尺上的距离读数。

用斜探头时，如图 4-25 所示，存在两个问题：

（1）始波零位不是声波入射工件的开始距离；

（2）荧光屏上不出现底波（工件底面与声束不垂直）。

解决办法：1）测定探头入射点和校正零位；

　　　　　2）测定假想的底波位置。

（1）入射点的确定：入射点指超声波束中心线入射到探伤面的一点，入射点一般刻

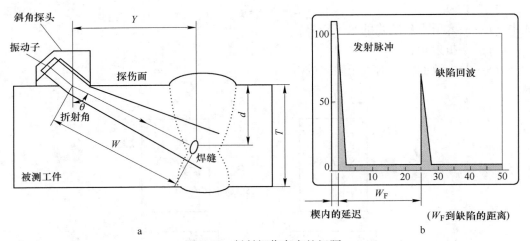

图 4-25　斜射探伤存在的问题

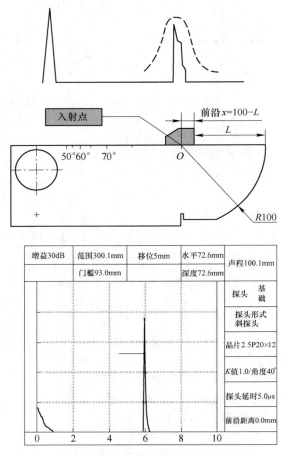

图 4-26　斜射探伤入射点的确定示意图

在楔块上，见图 4-19。

1）测定斜探头入射点，将探头置于如图 4-26 所示的位置，向 R100mm 的圆弧发射超声波，前后移动探头，直到 $R100mm$ 圆弧面反射波达到最高点，此时与 CSK-1A 试块侧面标线中心点"O"相对应的探头楔块那一点即为探头入射点。

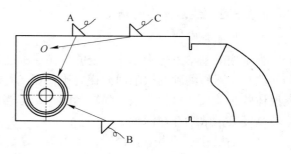

2）测定斜探头的 K 值，根据探头折射角的大小，将探头置于试块的不同位置进行测量，如图 4-27 所示。波形图同入射点波形图。

图 4-27 斜射探伤 K 值确定时
探头在试块上的位置图

测量时，探头应放正使波束中心线与试块侧面平行，前后移动探头，找到 50mm 孔或 1.5mm 孔的最高反射波。此时，声束中心线必然与入射点和圆心之间的连线相重合，即声束中心线垂直于孔表面。这时，试块上与入射点相应的角度线所标的值即为该斜探头的 K 值。

（2）零点校正：为了将入射点作为波程计算的零点，将声波在斜楔中的传播时间扣除，这一过程叫零点校正。利用 CSK-1A 标准试块上的同心圆弧 $R50$，$R100$ 为人工反射体，将斜探头的入射点对准同心圆弧 $R50$，$R100$ 的圆心（此时回波最高），并利用水平移位旋钮和深度调节旋钮使同心圆弧 $R50$，$R100$ 的回波分别对准时基线上的 L50 和 L100。

（3）斜探头缺陷波程 $S_{伤}$ 的测定

计算缺陷波程的方法有以下几种：

（1）正射波法：测量时，先找一块与工件同质同厚的材料做试件，然后使探头对这试件的垂直边缘慢慢向后移动，直到反射波穿过底角（即在荧光屏上显示一个最高位置时止），此时，声波入射点到工件底面尖角处的距离为正射波法的波程，用 $S_{1/2}$ 表示，入射点到垂直端面边缘的距离用 $P_{1/2}$ 表示（见图 4-28）。荧光屏上，固定标尺的零点与底角反射波（荧光屏上显示最高位置）的距离为 $S_{1/2屏}$，此时，将探头移至工件进行探测缺陷，直到荧光屏上出现缺陷的脉冲波，这样就可计算出缺陷波程 $S_{伤}$

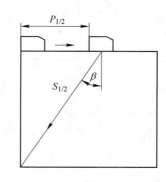

图 4-28 假想的底面回波示意图

$$S_{伤} = S_{1/2}S_{伤屏} / S_{1/2屏} \tag{4-23}$$

$$S_{1/2} = P_{1/2} / \sin\gamma \tag{4-24}$$

（2）反射波法：与正反射波法类似，只是将探头继续往后移，直到第二次全荧光屏上出现最高位置，此时，声束的中线达到顶角处（探测面与垂直面的夹角）。这样，入射点到顶角处声波所走的路程为一次反射波的声程，用 S_1 表示。入射点到顶角的距离用 P_1 表示。在荧光屏上，固定标尺零位至反射波的距离为 $S_{1屏}$，那么，缺陷波程为：

$$S_{伤} = S_1 S_{伤屏} / S_{1屏} \tag{4-25}$$

$$S_1 = P_1 / \sin\gamma \tag{4-26}$$

4.3.5.2 缺陷大小的确定

A 当量高度法

当量法的基本思想为：在一定的探伤灵敏度条件下，将已知形状、尺寸的人工反射体的回波与实际检测到的缺陷回波相对比，若二者的声程、回波高度相等，则这个已知人工反射体的相关尺寸可视为该实际缺陷的"缺陷当量"。缺陷波高度表示人为缺陷面积，缺陷波高度表示缺陷存在深度。

当缺陷尺寸小于声束直径时，采用当量法；做一批不同大小和深度的人为缺陷试块，然后测其反射波高度，做出两条曲线，即缺陷波高度与缺陷埋藏深度关系曲线；缺陷波高度与缺陷面积关系曲线。

对比试块中孔径可改变为：$\phi2mm$，$\phi3mm$，$\phi4mm$，$\phi6mm$；平底孔距探测面的距离为：5mm，10mm，15mm，20mm，25mm，30mm，35mm，40mm，45mm，如图4-29所示（当量法应该选择恰当的对比试块，即设计适当的距离尺寸和人工反射体的尺寸）。将探头置于试块上，得到"探测距离与波幅曲线"，如图4-30所示。再将探头置于被检工件上，测量缺陷波幅的高度，与"当量曲线波幅曲线"进行对比，即可得到相应缺陷的大小。

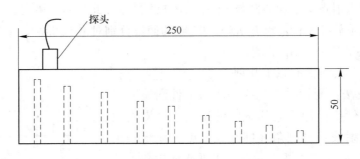

图4-29 当量高度法对比试块示意图

B 脉冲半高法

先测出缺陷对声束全反射的高度 A，然后将探头作左右或前后移动，使缺陷波的高度为 $A/2$，则此时缺陷的长度 b 与探头移动的距离 L 相等，如图4-31所示。

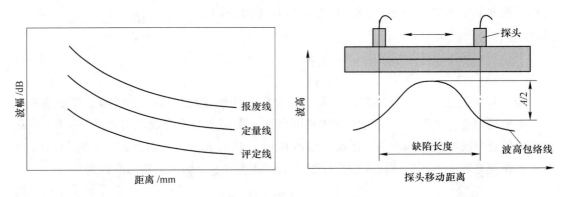

图4-30 当量缺陷大小与波幅曲线示意图   图4-31 脉冲半高法示意图

C　脉冲消失法

在探测发现缺陷后，将探头前后左右移动，找出缺陷波消失的位置 a 和 b（见图4-32），然后用下式计算缺陷大小 dx。

$$dx = L - 2h \times \tan\theta \qquad (4-27)$$

式中　L——当缺陷消失时两探头位置（a、b）边缘间的距离；

　　　h——缺陷存在的深度；

　　　θ——声束的半扩散角（张开角）。

D　当量 AVG 曲线法

在实际超声波探伤中，由于自然缺陷的形状是各种各样的，缺陷性质又不尽相

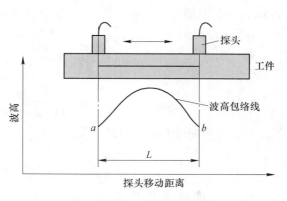

图4-32　脉冲消失法示意图

同，所以目前还很难确定缺陷的真实大小。为此，人们多采用"当量法"来给缺陷定量。所谓"当量法"就是与一定规则形状的人工缺陷相比较的方法，即当所发现缺陷的波高与同样探测条件下一个人工缺陷的波高相等时，该人工缺陷的尺寸，即称为所发现缺陷的当量尺寸。

AVG 曲线法是描述反射体至波源的距离、反射信号的幅度和反射面积的当量大小，三者之间相互关系的曲线，又称为距离-波幅-当量曲线，如图4-33所示。AVG 是德文距离（Abstand）、增益（Verstarkung）和大小（Größe）三者的字头。

$$A = X/N, \qquad N = D^2/4\lambda, \qquad G = D_\Phi/D \qquad (4-28)$$

式中，N 为声源近场区长度；D 为声源直径；λ 为声波波长；D_ϕ 为缺陷当量大小。

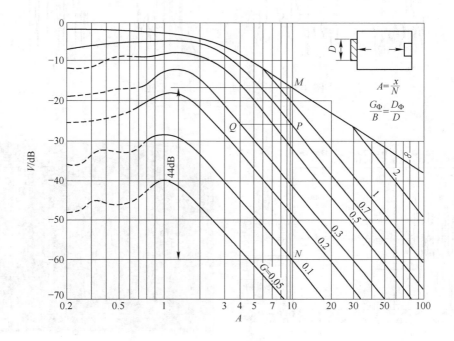

图4-33　AVG 曲线

［例4-1］：用2.5P20Z探头探测厚度为400mm的钢制饼形锻件。已知钢中的声速为5900mm/s，灵敏度为400/ϕ2。检测时在170mm处发现一缺陷，其回波比底波低10dB，求此缺陷的当量平底孔尺寸。

解：求N

$$\because \qquad\qquad\qquad \lambda = c/f = 5.9/2.5 = 2.36mm$$

$$\therefore \qquad\qquad\qquad N = \frac{D^2}{4\lambda} = \frac{20^2}{4 \times 2.36} \approx 42.4mm$$

计算工件厚度和缺陷处的A、A_B、A_ϕ

$$A_B = \frac{x_B}{N} \approx \frac{400}{42.4} \approx 9.4, \quad A_\phi = \frac{x_\phi}{N} = \frac{170}{42.4} \approx 4$$

在AVG曲线上得出倍率$G_\Phi = 0.3$（见图4-33），最后算出$D_\Phi = D$，$G_\Phi = 20 \times 0.3 = 6mm$。

4.3.5.3　缺陷性质的判别

各种不同材质的缺陷性质及其存在位置、形状、分布是有一定规律的。不同的缺陷波形有各自的特征。

如：气孔：荧光屏上单独出现一个光波；裂纹：荧光屏上出现锯齿较多的光波；夹渣：波形由一串高低不同的小波合并的，波根部较宽；未焊透：波形是锯齿较少的光波，如图4-34所示。实际超声波探伤波形比较复杂，如图4-35所示。

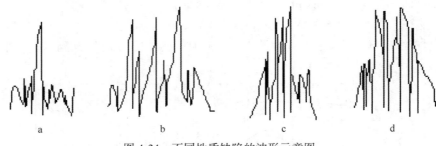

图4-34　不同性质缺陷的波形示意图

a—气孔；b—夹渣；c—未焊透；d—裂纹

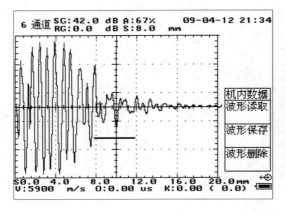

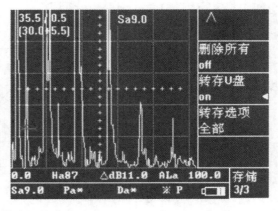

图4-35　超声波探伤实际的波形图

4.4 超声波探伤的影响因素

4.4.1 缺陷本身的影响

在缺陷对超声波探伤的影响之中，缺陷的位置、形状、大小、方向及性质等均对缺陷反射波有很大的影响。

（1）缺陷位置：对同一缺陷，随着距探测面距离的增大，缺陷脉冲反射的幅度减小（见图4-36a）。

（2）缺陷大小：在相同的埋藏深度，缺陷波的高度随着缺陷增大而增大，但当缺陷大到一定值时，反射波的高度便不再因缺陷增大而增高。这是因为缺陷大于声束或缺陷反射强度高于仪器的显示能力之故（见图4-36b）。

（3）缺陷形状：当缺陷呈凹形时，缺陷反射波较高；当缺陷呈凸形时，缺陷反射波高度减小；当缺陷呈阶梯形时，缺陷波分成两个；当缺陷呈锥形时，没有缺陷波出现（见图4-36c）。

（4）缺陷存在情况：当两个缺陷埋藏深度一样且相距较近时，缺陷波只出现一个；当工件很长而缺陷又靠近探测面，缺陷波会有多次反复才有底波出现；当靠近探测面的大缺陷挡住小缺陷时，缺陷反射波在荧光屏上只出现一个（见图4-36d）。

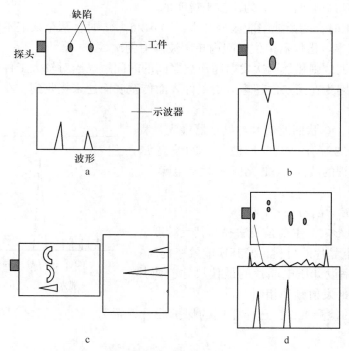

图4-36　缺陷本身对声波大小（幅度）的影响
a—缺陷位置；b—缺陷大小；c—缺陷形状；d—缺陷存在情况

（5）缺陷性质：对气孔、缩孔等缺陷，其缺陷反射波高，因为缺陷的声阻抗与基体声阻抗差别较大。对夹渣、非金属夹杂物等缺陷,其缺陷反射波较低。因为它们与基体之间的声阻抗相差要小些。

(6)缺陷取向:指缺陷与声束的方向相反。当声波垂直缺陷表面时,反射波最高,若倾斜时,反射波幅值下降,当倾斜角较大时,则无反射波出现。

(7)缺陷表面粗糙度:当声波垂直入射到缺陷表面时,缺陷表面凹凸程度与波长的比值愈大,缺陷反射波幅值愈低。但当声波倾斜入射缺陷表面时,情况恰好相反。

(8)缺陷波的指向性:一般缺陷与波长的比值愈大,则指向性愈好,指向性愈好,则缺陷反射波就愈高。

4.4.2　仪器的影响

(1)仪器盲区:指由于电信号(反射波)的持续时间使荧光屏的扫描线上出现一个波形根部缺口,在这个缺口内不能单独反映其他信号,这个缺口就称仪器盲区,用 δ_{T0} 表示,如图4-37所示。

一般 $\delta_{T0}=1\mu s$。当 δ_{T0} 增加,不能发现缺陷的深度增加。

(2)仪器的分辨力:指探伤仪对两个相邻缺陷所能分辨出来的能力,分辨力是用两个缺陷信号的传播时间差 δ_T 与盲区时间 δ_{T0} 的比值来说明的。

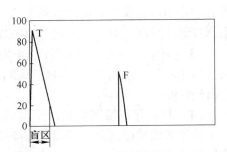

图4-37　仪器盲区示意图

当 $\delta_T/\delta_{T0} \geq 1$ 时,两个缺陷能区分开来;当 $\delta_T/\delta_{T0} < 1$ 时,两个缺陷不能区分开来。

(3)重复频率:指仪器单位时间内超声波发射的次数。

若重复频率大,则相邻两次发射超声波之间的时间短。当对较大工件探伤时,就会影响缺陷的判别。因为在第一次超声波由工件表面传至底面还未接收到,第二次超声波就已发射。

(4)电噪声,草状回波信号与显示器最大量程的比值。如图4-38所示,草状回波信号的波高 E_1 与显示器最大量程的波高 E_2 的比值 E 就是电噪声,即式(4-29)

$$E = E_1/E_2 \times 100\% \qquad (4-29)$$

(5)探头的影响,主要是设法提高其灵敏度。

1)选择压电晶片的材料,使其换能效率提高。

2)根据频率设计压电晶片的最佳尺寸,使其自然频率与仪器的发射频率相同。

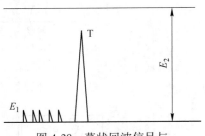

图4-38　草状回波信号与
显示器最大量程关系图

3)对不同的检测工件,选择相应的保护膜片及晶片,使它们之间的声阻抗相互匹配。即

$$Z = (Z_1 \times Z_2)^{1/2} \qquad (4-30)$$

式中　Z——保护膜的声阻抗;

　　　Z_1——晶片的声阻抗;

　　　Z_2——工件的声阻抗。

4.4.3 被检材料显微组织的影响

（1）晶粒细小时，当超声波射到各个晶粒时，会引起微小的反射和散射。这些反射波在观测时就会呈现为草状回波。此外，反射还会造成被检物中传播的超声波的衰减，并减少多次反射的脉冲次数。

（2）晶粒越大时，这种衰减和草状回波越显著，引起信噪比（指有用的信号与无用的噪声杂波之比）的下降，有时甚至完全不能出现缺陷回波。如 18-8 不锈钢的铸件和焊缝、大型铸钢件等因此而不能用超声波探伤。对此，可降低频率，加大波长，来改善信噪比。

4.5 超声波探伤的适用范围和特征

4.5.1 超声波探伤的适用范围

超声波探伤时针对不同的工件、存在不同位置的缺陷选择不同的探头（直探头或斜探头），通常选择形式如图 4-39 所示。超声波探伤仪如图 4-40 所示。超声波检测结果通常以报告形式展示，如表 4-7 所示。

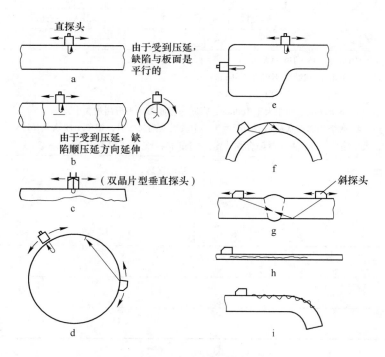

图 4-39 超声波的适用范围

a—厚板；b—圆钢；c—腐蚀部分的厚度；d—锻件（直探和斜探）；
e—铸件；f—管子；g—焊缝；h—薄板（板波）；i—表面缺陷

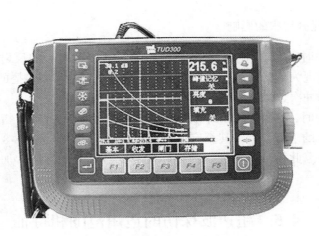

图 4-40　超声波探伤仪实物图

表 4-7　超声波检测结果报告

试件名称		材料牌号		试件规格	
检验标准				检验技术	
检测灵敏度			传输修正		
时基线比例					
仪器型号		探头		耦合剂	
扫查方式		最大扫查间距		最大扫查速度	
对比试块					
验收要求	GB/T 10595—1989AA 级： 1. 单个 点状缺陷不得大于 ϕ6mm； 2. 不允许有裂纹和白点； 3. 单个缺陷的间距大于 100mm，在同一截面积内不得超过 3 个； 4. 两个相邻点状缺陷的间距大于其中较大缺陷尺寸时，按单个缺陷分开计算，间距小于其中较大缺陷尺寸的，两个缺陷合并计算，其缺陷当量总和不得大于 ϕ6mm					
检测面和检测方向：				检测区域：	
记录与标记：					
备注：					
检验人：				检测时间：	

4.5.2　超声波探伤的特征

（1）对平面状缺陷，不管其厚度如何薄，只要超声波是垂直地射向它，就可取得很高的缺陷回波，那非常适合检测钢板的层叠、分层和裂纹。

（2）对球形缺陷，若缺陷不是相当大，或者不是较密集的话，就得不到足够的缺陷回波，即对单个气孔的探伤分辨率很低。

（3）对大型锻件，若金属组织较细可以进行内部探伤，若金属组织粗大，不能进行内部探伤。

（4）超声波探伤结果没有明确的记录，对缺陷种类的判断需要高度熟练的技术。

（5）超声波探伤所消耗的主要是耦合剂和探头的磨损。

（6）超声波探伤对人体没有任何影响，但要防止触电。

[**例4-2**] 如图4-41a所示的钢件中有个缺陷，用UT的技术检测，探头在工件30×40的平面上，用水做耦合剂，所得的波形如图4-41b所示。如何根据所示波形确定缺陷的位置、大小和性质（假如标准试块和对比试块都能提供）。

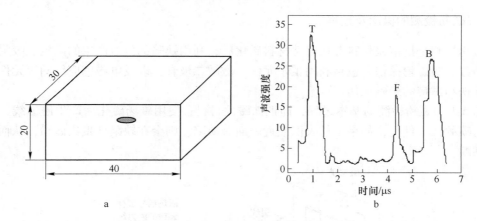

图4-41 工件中可能存在的缺陷与超声波探伤结果波形图

解： 根据探测波形，此超声波检测采用的是直探头。

缺陷在探测面上投影位置的确定，就在探头的正下方，即 x 或 y 位置，$x=0$，$y=0$，

缺陷存在深度的确定（即 Z 值的大小），$Z=S$，S 是探测面的入射点至缺陷的波程，由固定标尺法可以列出 $S/20=S_{伤屏}/S_{底屏}$

$$S=4.5×20/6=15$$

即缺陷在探头下方15mm处。

确定缺陷大小：采用脉冲半高度法或者脉冲消失法或当量高度法。

确定缺陷性质：根据缺陷波形，单独一个光波信号，可以初步判断该缺陷为气孔。

5 磁 粉 检 测

磁粉检测是一种应用得比较早的无损检测方法，它具有设备简单、操作方便、速度快、观察缺陷直观和有较高的检测灵敏度等优点，在工业生产中应用极为普遍。

5.1 磁粉检测的物理基础

5.1.1 磁粉检测的概念及过程

磁粉检测是把钢铁材料等强磁性材料磁化后，利用缺陷部位所产生的磁极能吸附磁粉的探伤方法叫磁粉探伤。包括利用霍尔元件、磁敏二极管，以及电磁感应线圈等元件的磁感应探伤和磁带的录磁探伤。

图 5-1 为磁粉检测的基本过程，即把铁磁性材料；使用磁场磁化后产生磁力线，然后把磁粉喷洒在工件上，如果工件表面或近表面有缺陷，则会在缺陷处聚集磁粉，从而做出最终判断。

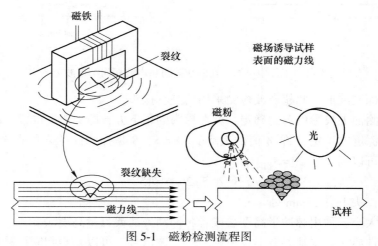

图 5-1 磁粉检测流程图

5.1.2 磁极的形成

磁极能够吸引铁质物体的性质叫磁性。磁铁各部分的磁性强弱不同。如果将磁铁棒或磁针投入铁屑中再取出来，可发现靠近两端的地方吸引的铁屑特别多，即磁性特别强，这磁性特别强的区域称为磁极，如图 5-2 所示的 S 极和 N 极。

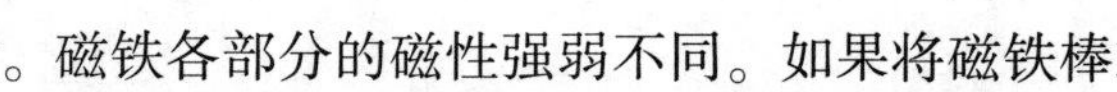

当试图把一块条形磁铁陆续地分割成无数小块时，可发现每一小块总是有两个磁极，如图 5-3 所示。由此可知，

图 5-2 条形磁铁的磁极

磁极是不能单独存在的。换句话说，一个单独的孤立的磁极实际上是不存在的，磁棒的每个 N 极都必须有对应的 S 极。长磁棒有时可能获得两个以上的磁极，而一个磁环在磁化时却可以没有磁极。

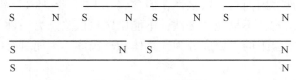

图 5-3　磁极不可分割

5.1.3　钢铁材料的磁特性

材料的磁性一般是用磁化曲线（B–H）曲线来表示的，如图 5-4 所示：横坐标为磁场强度 H（A/m），纵坐标为磁通密度 B（Wb/m²），表示磁场增大和减小时材料的磁化情况。

磁场强度 H 从零开始增加时，在磁化曲线 OA 上的点 P 与原点 O 连接起来的直线 OP 的斜率表示磁导率 μ（H/m），可用磁导率 μ 来表示磁通密度 B 与磁场强度 H 的关系，即 $B=\mu H$，磁导率 μ 的大小表示材料磁化的难易程度，μ 越大，越易磁化。各个物理量之间的关系如表 5-1 所示。

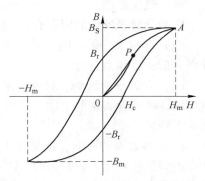

图 5-4　磁通密度随磁场强度变化曲线

表 5-1　各个物理量之间的关系

物理量	国际单位 SI	常用单位	相关关系
磁化强度 M	安培/米（A/m）（饱和）磁化强度的单位	emu/g（比饱和磁化强度的单位）	磁化强度/密度 = 比饱和磁化强度
磁场强度 H	安培/米（A/m）	Oe（奥斯特）（CGS 国际通用单位制）	$1A/m=4\pi\times10^{-3}Oe$
磁通密度 B（也称磁感应强度）	特斯拉（T）	通常技术中还用高斯（Gs），是一个过时单位	$1T=10000Gs$
矫顽力 H_c	A/m	Oe 或者（通常与磁场强度单位相同）	

在 A 点之上再加很强的磁场时，磁化曲线几乎接近于水平线。把这附近的磁通密度叫做饱和磁通密度 B_s，它表示材料能达到的最大磁化程度。

在磁化达到饱和以后，再把磁场强度减到零，这时的磁通密度 B_r 称剩磁通密度，如再从相反方向加磁场，使磁通密度成为零，这时所需的磁场强度 H_c 叫矫顽力，剩磁通密度 B_r 和矫顽力 H_c 都是表示剩磁的大小的。

根据化学成分的不同，钢材分为碳素钢和合金钢。碳素钢是铁和碳的合金，含碳量小于 0.25% 称为低碳钢，含碳量 0.25%~0.6% 称为中碳钢，含碳量大于 0.6% 称为高碳钢。合金钢是在碳素钢里加入各种合金元素而成。

钢的主要成分是铁，因而具有铁磁性，但含碳 0.1%、铬 18%、镍 8% 的铬镍不锈钢，在室温下呈现奥氏体结构，不呈现铁磁性，不能用磁粉检测。另一种不锈钢是高铬钢，例如 1Cr13，Cr17Ni2，室温下的主要成分为铁素体和马氏体，因而具有一定的铁磁性，能够用磁粉检测。

钢铁材料的晶体结构不同，磁特性也有所不同。面心立方晶格的材料是非磁性材料，而体心立方晶格材料是铁磁性材料，即使是体心立方晶格结构，如果晶格发生变形，其磁性也将发生很大变化。例如，当合金成分进入晶格以及冷加工和热处理使晶格发生畸变时，都会改变磁性。

影响钢材磁特性的因素有：

（1）晶粒大小的影响，晶粒愈大，磁导率愈大，矫顽力愈小，相反，晶粒愈细，磁导率愈低，矫顽力愈大。

（2）含碳量的影响，对碳钢来说，在热处理状态相近时，对磁性影响最大的是合金成分碳，随着含碳量的增加，矫顽力几乎呈线性增加，最大相对磁导率则随着含碳量的增加而下降。

（3）热处理的影响，钢材处于退火与正火状态时，其磁性差别不大，而退火与淬火状态的差别却较大。一般来说，淬火可提高矫顽力和剩余磁感应强度，而淬火后随着回火温度的升高，矫顽力有所下降。例如 40 钢，在正火状态下矫顽力为 580A/m，剩磁为 1T。在 860℃ 水淬、460℃ 回火时矫顽力为 720A/m，剩磁为 1.4T，而在 850℃ 水淬、300℃ 回火时矫顽力则为 1520A/m。

（4）合金元素的影响，由于合金元素的加入，材料的磁性被硬化，矫顽力增加。例如同是正火状态的 40 钢和 40Cr 钢，矫顽力分别是 584A/m 和 1256A/m。

（5）冷加工的影响，随着压缩变形率增加，矫顽力和剩余磁感应强度均增加。

5.2 磁粉检测的基本原理

5.2.1 磁粉检测的基本原理

磁粉检测的主要原理由铁磁物质的物理现象得知，将钢铁等强磁性材料放在磁场中能被强烈地磁化。磁化后的铁棒磁力线如图 5-5a 所示，在棒的两端出入的磁力线，使两个端部的附近产生强的磁场，并且两端分别成为 N 极和 S 极，当把铁粉等磁性粉末（也叫磁粉）撒在棒上时，由于磁场的作用，磁粉就被吸引到磁极附近，并附在磁极上。

对一个有缺陷（裂纹、夹渣、气孔等）的磁性材料，其缺陷方向与磁化方向（磁力线通过的方向）垂直。如图 5-5b 所示，磁化后的材料可认为是许多小磁铁的集合体，除了裂纹和棒两端之外，连续部分的这些小磁铁的 N、S 磁极是互相抵消的，所以不呈现磁极，而在材料的缺陷处，磁性是不连续的，由于材料相对地离开，故呈现磁极。所以磁粉就能附着在缺陷部位。图 5-6 是吸附在端部和台阶处的磁粉状态。

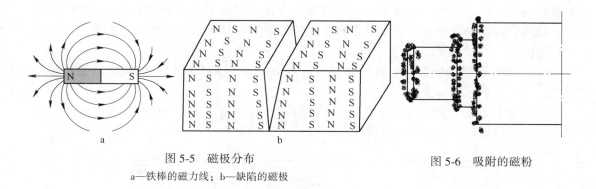

图 5-5 磁极分布

a—铁棒的磁力线；b—缺陷的磁极

图 5-6 吸附的磁粉

5.2.2 漏磁与漏磁场

由于缺陷中存在的物质是非磁性的，其磁阻很大，磁力线不能通过，所以在缺陷附近，磁力线只能绕过空间出现在外面，这种现象称为漏磁。

所谓漏磁场是指在被磁化物体内部的磁力线在缺陷或磁路界面发生突变的部位离开或进入物体表面所形成的磁场。

5.2.2.1 漏磁场与磁粉的相互作用

磁粉检测的基础是缺陷的漏磁场与外加磁粉的磁相互作用，即通过磁粉的集聚来显示被检工件表面上出现的漏磁场，在根据此份聚集形成的磁痕的形状和位置分析漏磁场的成因并评价缺陷。

设在工件表面有漏磁场存在。如果在漏磁场上撒上磁导率很高的磁粉，因为磁力线穿过磁粉比穿过空气更容易，所以磁粉会被该漏磁场吸附，吸附过程如图5-7所示。

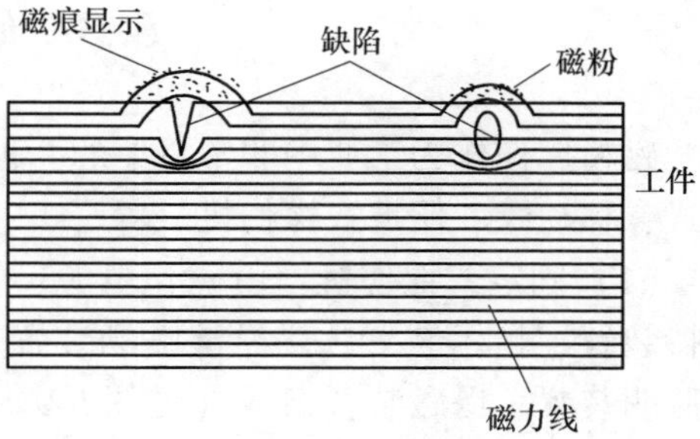

由上图可知，被磁化的磁粉沿缺陷漏磁场的磁力线排列。在漏磁场力的作用下，磁粉向磁力线的最密集处移动，最终被吸附在缺陷上。由于缺陷的漏磁场有比实际缺陷大数倍乃至数十倍的宽度，故而磁粉被吸附后形成的磁痕能够放大缺陷。通过分析磁痕评价缺陷，即是磁粉检测的基本原理。

图 5-7 缺陷的漏磁场与磁粉的吸附

5.2.2.2 影响漏磁场强度的主要因素

磁粉检测灵敏度的高低取决于漏磁场强度的大小。在实际检测过程中，真实缺陷漏磁场的强度受到多种因素的影响，其中主要有：

（1）外加磁场强度。缺陷漏磁场强度的大小与缺陷被磁化的程度有关。一般如果外加磁场能使被检材料的磁感应强度达到其饱和值的 80% 以上，缺陷漏磁场的强度就会显著增加。

（2）缺陷的位置与形状。就同一缺陷而言，随着埋藏深度的增加，其漏磁场的强度将迅速衰减至近似于零。另一方面，缺陷切割磁力线的角度越接近正交（90°），其漏磁场强度越大，反之亦然。事实上，磁粉检测很难检测与被检表面所夹角度小于20°的夹层。此外，在同样条件下，表面缺陷的漏磁场强度随着其深、宽比的增加而增加，如图5-8所示。

（3）被检表面的覆盖层。被检表面上有覆盖层（例如涂料）会降低缺陷漏磁场的强度。

（4）材料状态。钢材的合金成分、含碳量、加工及热处理状态的改变均会影响材料的磁特性，进而会影响缺陷的漏磁场。

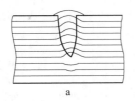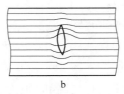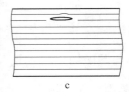

图 5-8　缺陷处的磁感线

a—表面缺陷；b，c—内部缺陷

漏磁的产生与缺陷的形状、缺陷离表面的距离以及缺陷和磁力线的相对位置有关。对球状缺陷（如气孔）：磁力线弯曲不显著，不易产生漏磁；对面状缺陷（如裂纹、未焊透）：当磁力线与缺陷所在面垂直时，产生漏磁最多。

缺陷离表面较远时：即使磁力线弯曲显著亦不能产生漏磁。缺陷存在于表面时：产生的漏磁最多。

5.3　磁粉探伤设备

磁粉探伤作为工业中非常重要的一种无损检测手段，根据体积大小和重量可以分为固定式、移动式、便携式探伤机。

（1）固定式探伤机：由磁化电源、工件夹持装置、指示装置、磁悬液喷洒装置、观察照明装置、退磁装置组成（见图5-9）。它主要用于中、小型工件的探伤，而且适用于湿法。

（2）移动式探伤机：装有滚轮，以不易搬动的大型工件为检测对象，湿法和干法都可以。

（3）便携式探伤机：适宜现场检验，如图5-10所示，小巧、携带方面。通常有：

1）便携式电磁轭（马蹄形电磁铁）：常用于锅炉和压力容器的焊缝检查。

图 5-9　固定式磁粉探伤机

2）交叉磁轭型：适用于大型构件焊缝和轧辊的探伤。

3）永久磁轭型：用于没有电源的场合，并用于飞机的维修检查。

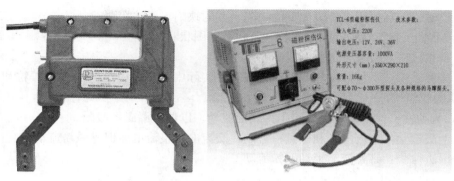

图 5-10 移动式磁粉探伤机

4）磁化电源型：适用于飞机的维修检查和焊缝接头的检查。

5.4 磁粉检测技术

5.4.1 磁粉的分类及性能

5.4.1.1 磁粉的种类

（1）以状态分。

1）干磁粉：是在空气中分散地撒上的；

2）湿磁粉：是把磁粉调匀在水或无色透明的煤油中作为磁悬液来使用的。其样式如图 5-11 所示。

（2）以性能分。

1）荧光磁粉：是以磁性氧化铁粉、工业纯铁粉、羰基铁粉末为核心，外面包裹上一层荧光染粉而制成的。一般只用于湿法显示漏磁。

2）非荧光磁粉：指在白光下能观察到磁痕的磁粉。

①黑色的四氧化三铁和红褐色的三氧化二铁（干、湿法都适用）（见图 5-12）。

②以工业纯铁粉或 Fe_2O_3 或 Fe_3O_4 为原料，使用黏合剂或涂料包裹在粉末上制成的白色或其他颜色的非荧光磁粉（只用于干法显示漏磁）。

图 5-11 干磁粉（红色）

图 5-12 非荧光磁粉（黑色）

5.4.1.2 磁粉的性能

（1）磁性：磁粉应具有高的磁导率、低的矫顽力 H_c。

（2）粒度：指磁粉颗粒的大小。

1）细磁粉：宜探测工件表面缺陷、小的缺陷、湿法探测；

2）粗磁粉：宜探测工件表面下的缺陷、大的缺陷、干法探测。

（3）形状：有不规则、圆浮颗粒、条状、椭圆状和球状。

1）条状磁粉：易被磁化并形成磁粉链条；

2）球形磁粉：不易被磁化但流动性好。在实际中，磁粉由足够的球形颗粒和一定比例的条状颗粒组成。

（4）流动性：保证磁粉在受检工件表面流动，以便被漏磁场吸附。

1）干法检验：直流电不利于磁粉流动，交流电、整流电能促进磁粉流动；

2）湿法检验：磁悬液能带动磁粉流动。

（5）密度：影响探伤结果。

1）干法检验：密度大要求磁场强度大，且密度又与材料磁性有关；

2）湿法检验：密度大，悬浮性差，易沉淀。

（6）识别度（对比度）：指磁粉的颜色或荧光亮度与工件表面颜色的对比度。对比度越大，越有利于工件表面缺陷的识别。

（7）磁悬液：把磁粉调匀在水或煤油中的混合液。

1）分散剂：用来悬浮磁粉的液体，一般为水和煤油；

2）磁粉浓度：用一升溶剂中所含的磁粉重量来表示。浓度低：缺陷显示不明显，流经缺陷的磁粉量少；浓度高：工件衬底过浓，干扰缺陷的显示；

3）磁悬液的黏度：决定于分散剂的黏度；

4）黏度大：磁粉不易流动，不易被缺陷处的漏磁场吸附，显像也较慢，而且还不太清晰；黏度小：磁粉流动过快影响缺陷处漏磁场对其的吸附，而且磁粉易沉淀从而造成磁悬液浓度不均。

5.4.2　磁化方法

如前所述，当缺陷和磁化方向（磁力线）平行时，得不到缺陷的磁粉痕迹。因此，在磁粉探伤中磁化试件时，应考虑所检测缺陷的方向，要把磁场加在同试件缺陷相垂直的方向。

5.4.2.1　磁化方法

将磁场加到试件上的方法。一般采取通电-产生磁场-磁化工件。所通电源直流、交流都可以，一般都是低电压大电流。但是直流电，磁力线稳定，穿透较深，宜检测离工件较深处的缺陷，但不易退磁。而交流电会产生集肤效应，探测工件表面小缺陷的灵敏度较高。

5.4.2.2　磁化方法的种类

有直接通电磁化和间接通电磁化。

（1）直接通电磁化：将工件上直接通电流以产生磁力线进行探伤。具体有轴向通电法，直角通电法和电极刺入法。

1）轴向通电法：针对细长杆件且沿轴线方向的缺陷，在轴的两端直接接通电源，磁力线的方向就与缺陷所在的平面垂直，如图 5-13 所示。

2）直角通电法：针对直径比较大的工件，且存在沿圆周方向的缺陷，在圆周表面确定两个位置作为电极，直接接通电源，这样就产生环绕轴向的磁力线，与周向的缺陷所在

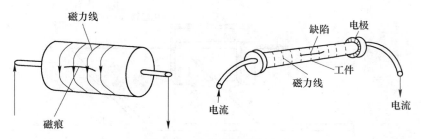

图 5-13　轴向通电磁化法

的平面垂直，如图 5-14 所示。

3）电极刺入法：这对异形工件，且无法判断在什么地方存在什么位向的缺陷，用两个电极直接通电使工件局部磁化，产生周向或横向磁力线来发现电极间工件上的缺陷，如图 5-15 所示。

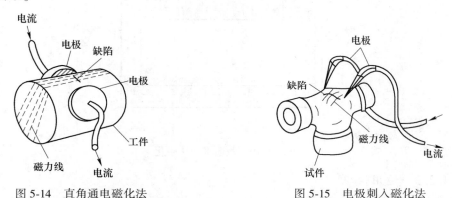

图 5-14　直角通电磁化法　　　　　　　　图 5-15　电极刺入磁化法

（2）间接通电磁化：通常是用线圈通电来产生磁场，包括电流贯通法、线圈法、极间法和磁通贯通法。

1）电流贯通法：针对套筒类零件，且存在沿轴线方向的缺陷，这时把有电流通过的导体穿入环状试件或者穿入孔穴中进行磁化，就会产生沿周向分布的磁力线，从而与缺陷所在平面垂直，如图 5-16 所示。

2）线圈法：针对细长杆件且沿周线方向存在的缺陷，借助环绕在轴上的线圈，通上电流，就会产生沿轴线方向的磁力线，与周向的缺陷所在平面垂直，如图 5-17 所示。

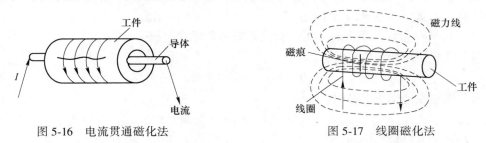

图 5-16　电流贯通磁化法　　　　　　　图 5-17　线圈磁化法

3）极间法（同于刺入法）：针对大型工件的局部区域，且无法判断在什么地方存在什么位向的缺陷，用一个电磁轭或马蹄铁使工件局部磁化，产生周向或横向磁力线来发现磁轭间工件上的缺陷，如图 5-18 所示。

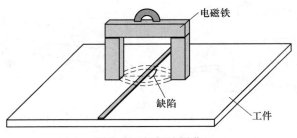

图 5-18　极间法磁化

4）磁通贯通法：针对套筒类零件，且存在沿周线方向的缺陷，利用由交流磁通在试件上感应出的环状电流所形成的磁场，与缺陷所在平面垂直，如图 5-19 所示。

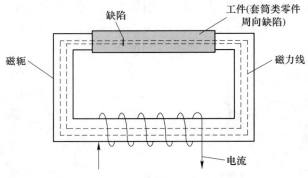

图 5-19　磁通贯通法磁化

5.4.2.3　适用性

对较小的工件用：轴向通电法、直角通电法、电流贯通法、磁通贯通法。对大型试件用：极间法和电极刺入法（局部探伤）。

对缺陷方向不能预料的工件用联合磁化法，使工件得到由两个互相垂直的磁力线作用而产生的合成磁场以检查各种不同倾斜方向的缺陷。如轴可采用轴向通电（周向磁场）和线圈法（纵向磁场）。

5.4.3　磁化电流值的确定

磁粉探伤中，对需要探伤的试件的磁化强度或磁化电流值是根据磁化方法、磁粉、试件的材质、形状、尺寸等因素来决定的。

（1）对圆棒和管材探伤时，用经验公式来估算磁化电流。

当工件直接通交流电源时：

$$I = (6 \sim 18)d \text{（安）} \tag{5-1}$$

当工件间接通交流电源时：

$$IW = (20 \sim 30)d \text{（安圈）} \tag{5-2}$$

式中　d——工件直径，mm；

　　　W——磁化线圈的圈数；

　　　I——电流强度，安。

（2）对形状复杂的试件探伤时，采用 JIS—GO565 规定的 A 型标准试片来确定有效磁场强度及方向。

A 型标准试片是把电磁软铁片（20mm × 20mm，厚度为 0.05mm 和 0.10mm）表面上加工出深度为 7 ~ 60μm 的直线或圆形槽，如图 5-20 所示，角块上的数字代表厚度和槽的深度。使用时用透明胶带将试片有槽的一面贴在试件表面上，与被检工件一起磁化，待已知试片上的人工缺陷能够吸附磁粉时，施加的电流强度即为工件磁化时所加的电流强度。

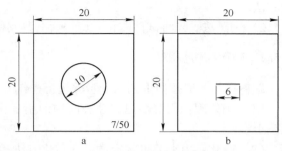

图 5-20 磁粉探伤用 A 型试块
a—圆形缺陷；b—直线缺陷

5.4.4 退磁和检验

5.4.4.1 退磁

经磁力探伤的工件因被磁化都会有程度不同的剩磁，对工件均有损害，所以要经过不同程度的退磁。退磁方法主要有以下几种：

（1）直流电退磁：由直流电磁化的工件必须用此法退磁。

方法：将工件放回探伤仪上，接通电源并不断改变电源极性和逐渐降低电流大小至零，使剩磁由大至小直至消失。

（2）交流电退磁：对直流电或交流电磁化的工件都适用。

方法：在磁化装置的线路中，串联一个变阻器或其他调节电流装置，先将退磁工件加至原来磁化的电流强度后，逐步调节变阻器将磁化电流在 60s 内减少至零，或者不用减少电流而是将工件逐步抽出并远离磁场。

5.4.4.2 剩磁的检验

（1）把串接起来的几个回形针放在退磁工件的上面，若回形针不摆动或不吸附在工件上，表明剩磁已退掉。

（2）将磁粉撒在退磁后的工件上，看其是否再吸引磁粉。

（3）采用袖珍式磁强计测量，看退磁后剩磁的大小。一般不大于 3Gs 就表示工件已被退磁。

5.5 磁粉探伤方法

5.5.1 磁粉探伤分类

（1）依据施加磁粉颗粒的方法不同，分为干法和湿法两类。

1）干法。采用干燥磁粉进行检测的方法，磁粉粒度以 10~60μm 为宜。

2）湿法。采用磁悬浮液进行检测的方法，磁粉粒度以 1~10μm 为宜。

磁悬液是指磁粉或磁膏悬浮在载液（媒质）中形成的一种混合液体。

（2）根据外加磁场的作用情况（被检材料的磁特性）分为连续法和剩磁法。

1）连续法。在外加磁场的同时，将检验介质（磁粉或磁悬液）加到试件上进行检测的方法。

2）剩磁法。先将试件磁化，待切断电源或移去外加磁场后，再进行检测的方法。

5.5.2　磁粉探伤步骤

磁粉探伤一般按照下列六个步骤进行操作。

（1）预处理：用溶剂把试件表面的油脂、涂料以及铁锈去掉，以免妨碍磁粉附着在缺陷上。

（2）磁化：由上节可选定适当的磁化方法和磁化电流值。

（3）施加磁粉：是将适当数量的、均匀分布的磁粉和磁悬液缓慢地撒在有效探伤范围内工件表面上，使之吸附在缺陷部位。分为连续法和剩磁法。

1）连续法：在试件加有磁场的状态下施加磁粉的，且磁场一直持续到施加完成为止。对低碳钢以及所有其他处于退火状态和经过热变形的钢均采用此法。

2）剩磁法：先将工件磁化，待切断磁化电流或移去外加磁场后，再将磁粉或磁悬液施加到工件表面。凡经过热处理（淬火、调质、渗碳、渗氮等）的高碳钢和合金结构钢均采用此法。一般用于矫顽力较大的材料。

（4）探伤方法的选择：根据工件的磁特性、形状、尺寸、表面状况，预计的缺陷特性、磁化方法及探伤环境，选择使用干法或湿法。

1）干法：用干燥磁粉进行探伤的方法。广泛用于大型锻、铸件毛坯、大型结构件和大型焊缝局部区域的磁粉探伤。采用干法时应注意：要在工件磁化之后施加磁粉，而在观察和分析磁痕之后再撤去磁场，磁痕的观察应在施加磁粉和去除多余磁粉的同时进行。

2）湿法：指将磁粉悬浮在油、水或其他液体介质中使用。一般用于大批量工件的检查。较干法具有较高的检测灵敏度。

湿法检验常用以下几种方式：

①将磁化后的工件沉浸在磁悬液内：适于小的和剩磁较大的工件。

②将磁悬液用软管浇在磁化了的工件上（适用于大型工件）。

③将具有压力的磁悬液用喷嘴喷在磁化了的工件上（适用于大型工件）。

④磁橡胶液：含适当磁粉，能在室温下固化的硫化硅橡胶黏稠液。针对管状工件内表面，螺纹孔和盲孔内表面的检查，是把磁橡胶液浇灌于被检工件孔内，然后进行磁化。等固化以后从孔中取出，在磁橡胶表面上可以看到在有缺陷处的磁粉聚集。

（5）磁痕分析与记录。磁粉迹痕的观察是在施加磁粉后进行的，用非荧光磁粉时，在光线明亮的地方进行观察，用荧光磁粉时，则在暗室等暗处用紫外线灯进行观察。

注意：在材质改变的界面处和截面大小突然变化的部分，即使没有缺陷，有时也会出现磁粉迹痕，这种迹痕叫假迹痕。为了记录磁粉迹痕，可采用照相或透明胶带粘住。

（6）后处理，包括退磁、除去磁粉和防锈处理。

大多数情况下，工件上带有剩磁是有害的，故需退磁。所谓退磁就是将被检工件内的剩磁减少到不妨碍使用的程度。

磁粉检测后，应清理掉被检表面上残留的磁粉或磁悬液。油磁悬液可用于汽油等溶剂清除；水磁悬液应先用水清洗，然后干燥。如有必要，可在被检表面上涂覆防护油。干粉可以直接用压缩空气清除。

5.6　磁粉检测的适用范围与特征

磁粉探伤的适用范围和特征是：

（1）对钢铁等强磁性材料的表面缺陷进行探伤（如铸件、锻件、焊缝和机械加工的零件）特别适宜。

（2）对于在表面没有开口，但深度很浅的裂纹也可以探得出来。

（3）虽然是钢铁材料，但如奥氏体钢那样的非磁性材料是不适用的。

（4）对有色金属、非金属材料等非磁性材料是不能采用磁粉探伤的。

（5）能知道缺陷的位置和表面的长度，但不能知道缺陷的深度。另外，对内部缺陷的探伤是有困难的。

磁粉探伤在日常操作中应注意的事项有：

（1）使用荧光磁粉探伤时，要避免紫外线灯光直接照射眼睛，根据情况有时应使用保护眼镜。

（2）在使用有机溶剂清洗时，要注意通风和防止火种。

（3）要注意不要把手表和其他仪器靠近强磁场。

（4）注意防止探伤装置和电缆等漏电，避免引起触电事故。

6 电磁感应（涡流）检测

涡流检测技术从 1879 年休斯（Hughes）利用感生电流的方法对不同金属和合金进行的判断实验，揭示了应用涡流对导电材料进行检测的可能性，到 1950 年福斯特（Forster）研制出了以阻抗分析法来补偿干扰因素的仪器，开创了现代涡流无损检测诊断方法和设备的研制工作。涡流无损检测已经历了 100 多年历史，特别是 20 世纪 70 年代以来，由于电子技术尤其是计算机技术和信息理论的飞速发展，给涡流无损检测技术带来无限生机，以较快的发展速度逐步发展成为当今无损检测技术中的一个重要组成部分。

6.1 涡流检测的物理基础

6.1.1 涡流检测的概念

涡流检测（ET）是利用电磁感应原理，通过测定被检工件内感生涡流的变化来无损地评定导电材料及其工件的某些性能，通过测量涡流的变化量，来进行试件的探伤，材质的检验和形状尺寸的测试等。在工业生产中，涡流检测是控制各种金属材料及少数非金属导电材料（如石墨、碳纤维复合材料等）及其产品品质的主要手段之一。与其他无损检测方法比较，涡流检测更容易实现自动化，特别是对管、棒和线材等型材有着很高的检测效率。

6.1.2 涡流的产生

如图 6-1a 所示，使线圈 1 和线圈 2 靠近，把线圈 1 接在交流电源上，通以交流电，在线圈 2 中就会产生交流电。这是由于线圈 1 通过交流电时，能产生随时间而变化的磁力线，这些磁力线穿过线圈 2，使它感应产生交流电。如果使用金属板代替线圈 2，同样也可使金属板导体产生交流电，如图 6-1b 所示。

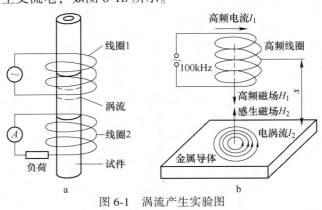

图 6-1 涡流产生实验图

如上所述，使用交流磁场时，穿过导体的磁力线随时间而变化，在导体中感生电动势，从而有交流电流过，这种现象叫电磁感应，把所产生的这种交流电叫作涡流。

涡流的分布及其电流大小，是由线圈的形状和尺寸、交流电频率（实验频率）、导体的电导率、形状和尺寸，导体与线圈的距离，以及导体表面裂纹等缺陷的存在所决定的。

6.2 涡流检测的基本原理

6.2.1 涡流检测的基本原理

当载有交变电流的检测线圈靠近导电材料时，由于线圈磁场的作用，材料中会感生出涡流，涡流的大小、相位及流动形式受到材料导电性能的影响，而涡流产生的反作用磁场又使检测线圈的阻抗产生变化，因此，通过测定线圈阻抗的变化，就可以得到被检材料导电性能的差别及有无缺陷的结论。

（1）如图6-2所示，在试件中的涡流方向（见图6-1b中的I_2）是与给试件加交流磁场的线圈（叫激磁线圈）的电流方向（见图6-1b中的I_1）相反的。而由涡流产生的反作用磁场，穿过激磁线圈时就在线圈内感生交流电，这个电流方向就与激磁线圈中原来的电流（叫激磁电流）方向相同。即线圈中的电流由于涡流的反作用而增加了，假如涡流变化的话，这个增加的部分（反作用电流）也变化，测定这个电流变化，就可测得涡流的变化，从而可得到试件的信息。

（2）我们知道，随时间变化，交流电是以一定的频率改变电流方向的，激磁电流和反作用电流的相位是有一定差异的，这个相位差随试件的形状而变化，所以利用相位的变化作为检测试件状态。

（3）让试件或线圈按一定速度移动时，根据涡流变化的波形，可以得到有关缺陷种类、形状和大小等信息。

（4）因试件表面同线圈之间距离的变动会引起线圈电流的变化，所以可得到关于试件表面光洁度等信息。

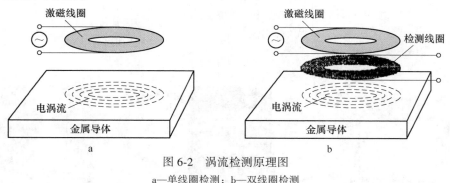

图6-2 涡流检测原理图

a—单线圈检测；b—双线圈检测

涡流检测具有如下的特征：

（1）检测结果可以直接以电信号输出，故可用于自动化检测；

（2）由于实行非接触式检测，所以检测速度很快；

（3）适用范围较广，除可用于检测缺陷外，还可用于检测材质的变化等；

（4）对形状复杂的试件检测有困难；

（5）对表面下较深部位的缺陷检测困难；

（6）除检测项目外，试件材料的其他因素一般也会引起输出的变化，成为干扰信号；

（7）难以直接从检测所得的显示信号来判别缺陷的种类。

6.2.2　集肤效应和渗透深度

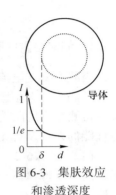

如图 6-3 所示，当交电流通过圆柱体时，横截面各处电流密度不一样，表面的电流密度最大，越到圆柱体中心就越小，这种现象称集肤效应。电流密度由导体表面向内部衰减时呈指数关系。

渗透深度是为了表示取得试件信息所需要的涡流究竟能流入多深，一般把电流密度下降到表面电流密度的 37% 处的深度称为渗透深度。其表达式为：

$$\delta = \frac{1}{\sqrt{\pi \cdot f \cdot m \cdot \sigma}} \tag{6-1}$$

图 6-3　集肤效应和渗透深度

式中　δ——渗透深度；

　　　　f——激磁电流的频率；

　　　　m——导体的磁导率；

　　　　σ——导体的电导率。

6.3　涡流检测的技术

6.3.1　涡流检测装置

涡流检测根据检测的目的和显示方式不同有不同分法，其外形如图 6-4 所示。

按检测目的分 { 涡流导电仪　涡流测厚仪　涡流探伤仪

按显示方式分 { 仪表指针指示　图像显示　数码管数字显示　阴极射线管

a　　　　　　　　　　　　　b　　　　　　　　　　　　　c

图 6-4　涡流检测设备图

a—涡流探伤仪；b—涡流测厚仪；c—涡流电导仪

涡流检测仪由振荡器、探头（检测线圈及其装配件）、信号输出电路、放大器、信号处理器、显示器、记录仪、电源等组成，如图 6-5 所示。工作时由振荡器发生的交流电通入线圈，交流磁场就加到试件上并感生出涡流。试件上的涡流由线圈检测，作为交流输出，经放大器放大，信号处理器消除各种干扰，然后输入显示器显示检测结果。

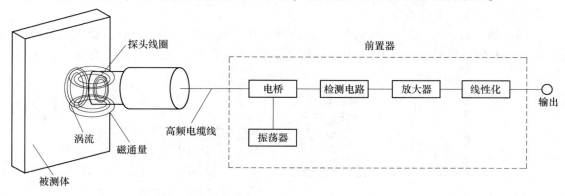

a

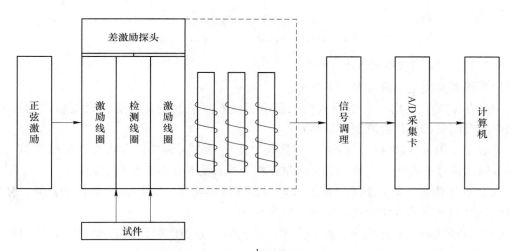

b

图 6-5　涡流检测原理示意图

a—涡流检测仪组成；b—工作原理图

涡流探伤的结果一般以图像的形式展示，如图 6-6 所示，在一三或二四象限展示的异形图均表示缺陷信号，也表明该工件有缺陷存在。

6.3.2　检测线圈的种类和使用

6.3.2.1　检测线圈的种类

检测线圈，指激磁（励）线圈和测量线圈的统称。按试件的形状和检测的目的，可分为三类：

（1）穿过式线圈：是将试件插入并通过线

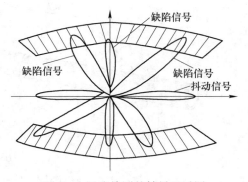

图 6-6　涡流检测的结果显示图

圈内部进行检测，用来检测线材、棒材和管材，它的内径正好套在圆棒和管子上，见图6-7a。

（2）探头式线圈：是通过把线圈放置于被检试件表面来进行检测。用于板材和大直径的管材、棒材的表面裂纹的检测。尤其是用于局部检测，通常在线圈中装入磁芯，用来提高检测灵敏度，见图6-7b。

（3）插入式线圈：把它放在管内和孔内用来作内壁检测，用来钻孔，螺纹孔及厚壁管内壁表面质量的检测，在使用中，同探头式线圈一样，在线圈中多装有磁芯，见图6-7c。

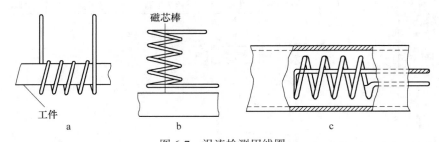

图6-7　涡流检测用线圈
a—穿过式线圈；b—探头式线圈；c—插入式线圈

6.3.2.2　检测线圈的使用

检测线圈的使用通常也有如下三种：

（1）绝对式：只用一个线圈直接测量检测线圈阻抗的变化，然后根据检测的目的，判断引起线圈阻抗变化的原因，见图6-8a。

方法：先用标准试件放入线圈，调整仪器使信号输入为零，再将被检测试件放入线圈，看输出信号的变化（主要是被检测试件电导率和磁导率的变化所引起的）。

（2）自比较式：是采用两个相距很近的相同线圈检测一试件两个部位的差异，使同一被检试件的不同部分作为比较标准，见图6-8b。

（3）标准比较式：用两个参数完全相同的线圈，分别作用在标准试件和被检工件上，检出信号是两个试件存在的差异，从而实现对被检试件的检测，见图6-8c。

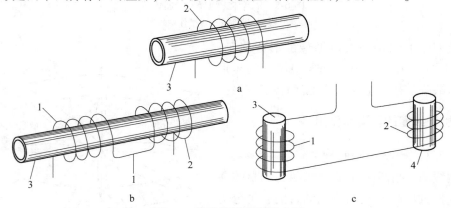

图6-8　涡流检测线圈的应用
a—绝对式；b—自比较式；c—标准比较式
1，2—检测线圈或测量线圈；3—被检工件；4—标准试块

6.3.3 涡流检测用试块

一般是用于被检工件同样牌号和状态的材料，由同样的加工方法制成。有时还加工有一定规格的人工缺陷，如图6-9所示。

图6-9 涡流检测用试块图

用途：

（1）检测和鉴定设备的性能：如灵敏度（能否检测出试块上的已知缺陷）、分辨率（能否检测出试块上已知的两个相邻缺陷），端部不能检测长度。

（2）设备的调节和检查：就是利用已知试块把探伤仪器调整到能够充分探测出所定的缺陷，而排除缺陷之外的杂乱信号。

（3）产品检测的验收标准：一批试样中的人工缺陷作为材料的缺陷当量，以此可作为产品的验收标准（超过规定的某已知缺陷，产品就判废）。

6.3.4 涡流检测的方法

涡流检测主要按照如下步骤进行操作。

（1）试件表面的清理：除去对探伤有影响的附着物。

（2）探伤仪器的稳定：探伤仪器通电之后，应经过必要的稳定时间，方才可以选定试验规范并进行探伤。

（3）探伤规范的选定：保证适当和正确的探伤性能，为此，需要把探伤仪器调整到能够充分探测出所定的缺陷，而排除缺陷之外的杂乱信号。

1）探伤频率的选定：探伤仪如果可以选择频率的话，则要选择能够把指定的对比试块上的人工缺陷探测出来的频率。

2）线圈的选择：线圈的选择也要使它能够探测出指定的对比试块上的人工缺陷，并且所选择的线圈要适合于试件的形状和尺寸。

3）探伤灵敏度的选定：它是在其他调整步骤完成之后进行的，要把指定的对比试块的人工缺陷的显示图像调整在探伤仪器的正常动作范围之内。

4）平衡调整：探伤仪器有平衡电桥时（一般在信号输出电路中），让试件在实际探伤状态下，放在无缺陷的部位进行电桥的平衡调整。

5）相位角的选定：装有仪相器（信号处理器中的同步检波利用杂乱信号与缺陷信号的相位差把杂乱信号分离掉，只输出特定相位角的缺陷信号）的探伤仪器，要调整其相位角使得指定的对比试块的人工缺陷能最明显的探测出来，而排除缺陷之外的杂乱信号。

6）直流磁场的调整：装有直流磁场和装置的探伤仪器对强磁性材料进行探伤时，要加强磁饱和用线圈的直流磁场，使试件磁导率不均匀性所引起的杂乱信号降低到不致影响探伤结果的程度。

（4）探伤试验：在选定的探伤规范下进行探伤，如果发现其探伤规范有变化时，应立即停止试验，重新调整后，再继续进行。

当线圈或试件传送时，线圈与试件间距离的变动也会成为杂乱信号的原因，因此必须注意不使它变动。另外，必须尽量保持固定的传送速度。

6.4 涡流检测的应用

涡流检测因为是非接触式探伤，且检测结果是电信号，可进行远距离操控，故常用作：

（1）分选板、棒材中存在的有害缺陷。

（2）剔出如轴承、钢球的制造过程中由于材质问题而带有缺陷的成品或半成品。

（3）维修在高温、高压、高速状态下工作的，易产生疲劳裂纹（飞机发动机叶片、起落架等）和腐蚀裂纹（发电厂冷凝器管道）的机械产品。

（4）对涂有油漆或环氧树脂等覆盖零件，以及盲孔区和螺纹槽底的检测比较灵敏。

（5）监视在运行中易产生疲劳裂纹的零部件。

6.4.1 材质检测

金属合金的电导率、磁导率和材料的许多工艺性能之间存在着密切关系，而涡流检测中，试件的电导率和磁导率又影响线圈阻抗的变化，这样就可对试件电导率和磁导率的变化进行测定，评定试件的材质和工艺性能。

（1）非磁性材料。相对磁导率为1。非磁性材料的材质的检测是通过电导率的测定来进行的。

1）金属的纯度与电导率有密切关系，当金属中溶入少量杂质时，电导率会急剧下降。

2）合金的热处理状态或硬度也随电导率的变化而表现出一些差异，如球墨铸铁基体组织中珠光体和碳化物含量。

3）通过对电导率的测定，结合图表，确定合金中各成分的含量。图 6-10 给出了 Al-Si 合金电导率随成分变化的关系曲线。

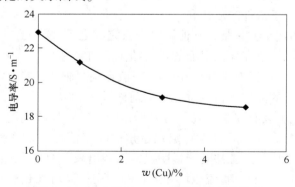

图 6-10 Cu 含量对 Al-Si 合金电导率的影响

（2）磁性材料。相对磁导率较大，磁效应较电效应要大。

对磁性材料一般利用磁特性进行材质检测，磁滞回线的形状与钢材化学成分、加工情况、热处理状态等有关。

铁镍合金的磁性能受其成分和热处理的影响，常用铁镍合金的 $w(Ni) = 34\% \sim 81\%$，若 Ni 量变化，起始磁导率 μ_0 将发生变化，如图 6-11 所示。

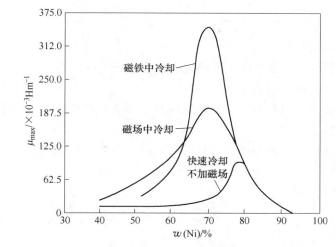

图 6-11　铁镍合金磁导率与镍含量和不同热处理的关系

6.4.2　厚度测量

我们知道，影响线圈阻抗的主要因素有电导率，试件的尺寸（主要是厚度）和试件与线圈之间的距离。为了控制电导率和试块尺寸的影响，对涡流测厚仪常采用较高的工作频率。

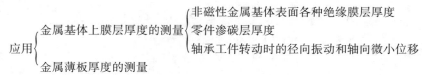

6.5　电磁感应（涡流）检测的适用范围和特征

涡流检测适用于由钢铁、有色金属以及石墨等导电材料所制成的试件。而对于玻璃、石头和合成树脂等非导电材料是不适用的。

检测项目有：

（1）探伤：试件表面上和接近表面处的缺陷的检测。

（2）材质检查：金属的种类、成分、热处理状态等变化的检测。

（3）尺寸检测：试件的尺寸、涂膜厚度、腐蚀状况和变形的检测。

（4）形状检测：试件形状变化的判别。

涡流检测展现的优缺点非常明显，如：

优点：

（1）对导电材料的表面或近表面检测有良好的灵敏度。

（2）由于采用非接触式的方法（不用耦合剂）检测，而且探伤结果可以直接用电信号输出，所以可以实现高速、高效率的自动化检测。

（3）适用范围广，除能检测缺陷外，还能检测材质的变化、尺寸形状的变化等等。

（4）适用于高温及薄管、细线、内孔表面等其他检测方法难以进行的特殊场合下的检测。

缺点：

（1）只限于导电材料。

（2）对表面下较深部位的缺陷不能检测。

（3）对形状复杂的试件很难应用。

（4）干扰因素多（因试件材料除缺陷外的其他因素也会引起信号）需要特殊的信号处理。

（5）难以直接从检测所得的显示信号判断缺陷的种类和形状。

7 渗 透 检 测

7.1 渗透检测的物理基础

7.1.1 渗透检测的概念

渗透检测是一种检测材料（或零件）表面和近表面开口缺陷的无损检测技术。它几乎不受被检部件的形状、大小、组织结构、化学成分和缺陷方位的限制，可广泛适用于锻件、铸件、焊接件等各种加工工艺的质量检验，以及金属、陶瓷、玻璃、塑料、粉末冶金等各种材料制造的零件的质量检测。渗透检测不需要特别复杂的设备，操作简单，缺陷显示直观，检测灵敏度高，检测费用低，对复杂零件可一次检测出各个方向的缺陷。

但是，渗透检测受被检物体表面粗糙度的影响较大，不适用于多孔材料及其制品的检测。同时，该技术也是受检测人员技术水平的影响较大。而且，渗透检测技术只能检测表面开口缺陷，对内部缺陷无能为力。

渗透检测（PT）是用黄绿色的荧光渗透液或红色的着色渗透液，来显示放大了的缺陷图像的痕迹，从而能用肉眼检查出试件表面的开口缺陷。

渗透探伤方法的基本过程如图 7-1 所示，首先在表面开口缺陷上喷洒渗透能力比较强的渗透剂，待其渗入工件表面的开口缺陷后，清洗掉工件表面多余的渗透液，再喷洒显像剂，使渗入到开口缺陷中的渗透剂蔓延出来，形成放大了的缺陷迹痕，从而能够用肉眼进行观察。

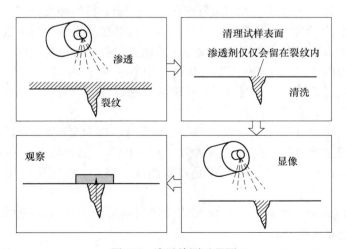

图 7-1　渗透检测过程图

7.1.2 渗透剂的组成及作用

7.1.2.1 渗透剂的组成

渗透剂按其显示方式或溶剂的不同可分为荧光渗透剂和着色渗透剂两种。按其清洗方式不同可分为水洗型渗透剂、后乳化型渗透剂和溶剂去除性渗透剂三种。

(1) 按显示方式或溶剂分:

1) 荧光渗透剂使用时需要紫外线灯照射,在照射之后缺陷处显示黄绿色光痕。

2) 着色渗透剂使用时采用色泽鲜艳的粉红色。照射后缺陷呈白底红道,特别分明。

(2) 按清洗方式分:

1) 水洗型即在渗透剂中加入了乳化剂,可直接用水来清洗。乳化剂含量高时,渗透剂容易清洗(在清洗时容易将宽而浅的缺陷中的渗透剂清洗出来,造成漏检),但检测灵敏度低。乳化剂含量低时,难于清洗,但检测灵敏度较高。

2) 后乳化型渗透剂不含有乳化剂,只是在渗透完成后,再给零件的表面渗透剂中加乳化剂。所以使用后乳化性渗透剂进行着色检测时,渗透液保留在缺陷处而不被清洗出来的能力强。

3) 溶剂去除性渗透剂不含有乳化剂,而是利用有机溶剂(如汽油、酒精、丙酮等)来清洗零件表面多余的渗透剂,进而达到清洗表面的目的。

7.1.2.2 渗透剂的作用

渗透剂一般由染料、溶剂、附加成分等组成,各部分的作用有:

(1) 染料。

1) 着色染料:油溶型、醇溶型、油醇混合型,多采用红色显示剂(苏丹红,刚果红,丙基红)。

要求:色泽鲜艳,对比度高,易清洗,易溶于合适的溶剂,对光和热的稳定性好,不褪色,不腐蚀工件,无毒害。

2) 荧光染料:一种荧光染料受紫外线照射后发出的荧光波长正好与另一种染料的吸收光谱的波长相一致,从而被吸收而激发出荧光。荧光染料的种类很多,在黑光的照射下从发蓝光到发红色荧光的染料均有,荧光渗透液应选择在黑光的照射下发出黄绿色荧光大的染料,这是因为人眼对黄绿色荧光最敏感,从而可以提高检测灵敏度,我国常用的荧光染料有 YJI-43、YJP-15、香豆素化合物 MDAC、YJN-68 和 S101 等。

要求:发光强、色泽鲜艳、与背景对比度高、稳定性好、耐热,不受光线影响,易溶解、清洗,杂质少、无腐蚀无毒害。

(2) 溶剂,一方面用来溶解染料,另一方面本身也作为渗透剂(如苯,丁酸丁酯)。

溶剂是用于溶解染料的,根据化学结构"相似相溶"的原则,应尽量选择分子结构与染料相似的溶剂,但"相似相溶"仅是经验法则。因此,在实际应用中,应用实验加以验证。

(3) 乳化剂或表面活性剂。加乳化剂使渗透剂最后能用水直接洗掉,乳化剂还能促进染料的溶解,起增溶的作用。

把油和水一起倒入容器中,静置后会出现分层现象,形成明显的界面。如果加以搅拌,使油分散在水中,形成乳浊液,由于体系的表面积增加,虽能暂时混合,但稍作静置，又会分成明显的两层，如果在容器中加入少量的表面活性剂，如加入肥皂或洗涤剂，在经过搅拌混合后，可形成稳定的乳浊液。表面活性剂的分子具有亲水基（亲水憎油）和亲油基（亲油憎水）的两个基团。这两个基团不仅具有防止油和水两相互相排斥的功能，而且还具有把油和水两相连接起来不使其分离的特殊功能。因此，在使用了表面活性剂后，表面油性剂吸附在油水的边界上，以期两个基团把细微的油粒子和水粒子连接起来，使油以微小的粒子稳定地分散在水中。这种使不相容的液体混合成稳定乳化液的表面活性剂叫作乳化剂。

液体渗透检测中，使用的乳化剂将零件表面的后乳化型渗透剂与水形成乳化液，以便能用水洗去。要求乳化剂具有良好的洗涤作用，高闪点和低的蒸发速率，无毒、无腐蚀作用、抗污染能力强。一般乳化剂都是渗透剂生产厂家根据渗透剂的特点配套生产的，可根据渗透剂的类型合理使用。

（4）渗透剂：一般为煤油或 5 号机械油。

（5）附加成分，指互溶剂、稳定剂、增光剂、乳化剂、抑制剂、中和剂等。用于改善液体性能。

7.1.2.3 渗透剂的性能

渗透剂的性能要求：渗透剂是渗透检测中最为关键的材料，直接影响检测的精度。

渗透剂应具有以下性能：

（1）良好的渗透性，容易渗入缺陷中去；

（2）易清洗，容易从零件表面清洗干净；

（3）对于荧光渗透剂，要求其荧光辉度高；对于着色渗透剂，则要求着色剂应色彩艳丽；

（4）其酸碱度应呈中性，这样可对被检部件无腐蚀，对人无伤害，对环境污染亦小；

（5）闪点高，不易燃，安全性好；

（6）资源丰富，价格便宜。

7.1.3 显像剂的组成及作用

显像剂是将已渗入到缺陷内部的渗透液吸附到零件表面，并加以放大，使之成为肉眼所易见的缺陷图像，这就是显像剂所起的作用。为了使这种作用卓有成效，对显像剂有如下几点要求：

（1）显像剂中的白色粉末有较好的悬浮能力，且易被渗透液润湿，粉末粒度应尽可能小；

（2）白色粉末不应该减弱渗透液的色泽，能对缺陷形成最大的衬度；

（3）显像剂应均匀覆盖零件被检表面，且具有较好的挥发性和吸附能力、显像膜不应自行脱落，显像剂中各成分对渗透液不应该有消色作用；

（4）显像剂稳定性要好，对材料无腐蚀、对人体无害。

显像剂的具体性能要求如表 7-1 所示。

表 7-1 显像剂性能

项　目	性　能　和　要　求
外观	速干式或湿式显像剂呈白色悬浊液，干式显像剂为粉末状态

续表 7-1

项　　目	性 能 和 要 求
荧光性	在紫外线下观察时应无荧光
密度	湿式显像剂一般为 $1 \sim 1.1 \mathrm{g/cm^3}$； 速干式显像剂一般为 $0.8 \sim 0.9 \mathrm{g/cm^3}$
沉淀试验	将 25mL 以湿式或速干显像剂置于试管中，放置 15min 后测定上部澄清液的量，其量一般在 2mL 以下
水洗性	零件上的显像膜在水压 2.1~4.2Pa 下水洗 1min 应能够用水除去
质量（以干式为对象）	1L 显像剂一般为 80~200g
贮藏稳定性	在 16~38℃ 下贮藏一年后，对粉末沉淀量、荧光性、水洗性进行试验，其性能不下降

　　为满足上述要求，显像剂由二氧化钛、烷烃、乙醇、表面活性剂、抛射剂（丙丁烷）组成，外观呈现白色悬浮液体，有轻微的溶剂气味。

7.2　渗透检测的基本原理

7.2.1　毛细现象和润湿

　　毛细现象是指润湿管壁的液体在毛细管中上升和不润湿管壁的液体在毛细管中下降的现象。如图 7-2 所示，水在玻璃管中上升，而水银在玻璃管中下降，就是典型的毛细现象。根据公式（7-1）可以很方便地计算出液体在毛细管中上升的高度。

$$h = \frac{2T\cos\theta}{\rho g r} \qquad (7-1)$$

式中，T 为表面张力，N/m；θ 为接触角；ρ 为液体的密度，$\mathrm{kg/m^3}$；g 为重力加速度，$\mathrm{m/s^2}$；r 为管的内半径，m。

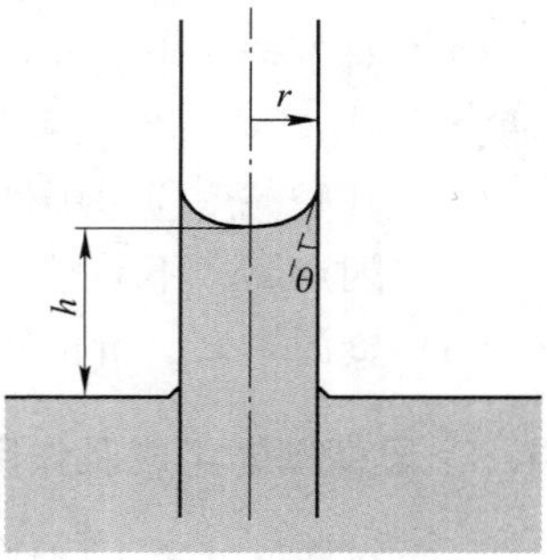

图 7-2　毛细现象示意图

　　润湿指一种液体对某种固体表面的接触角（在气液界面和固液界面之间的夹角）小于 90° 时，我们称该液体对该固体表面是润湿的。当接触角大于 90° 时，称该液体对该固体表面是不润湿的，如图 7-3 所示。

图 7-3　润湿示意图
a—润湿状态；b—不润湿状态

常用润湿方程（见式（7-2））来表示润湿行为，如图 7-4 所示。

$$\cos\theta = \frac{\sigma_S - \sigma_{SL}}{\sigma_L} \qquad (7\text{-}2)$$

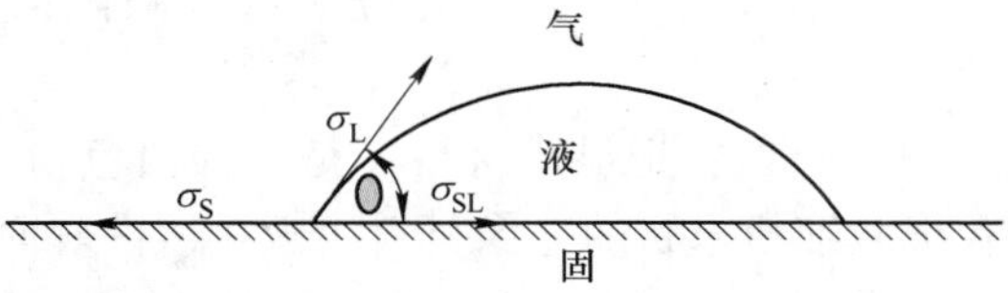

图 7-4　润湿方程示意图

式中　θ——接触角；

σ_S——固体的表面张力；

σ_L——液体的表面张力；

σ_{SL}——液固间的表面张力。

接触角是液体在固体表面接触点的切线与固体表面之间的夹角（见图 7-3）。

注意：液体与固体表面接触时，润湿和不润湿现象，是由液体分子间的引力（内聚力）和液体与固体分子间的引力（附着力）的大小来决定的。当内聚力大于附着力，发生不润湿现象；当内聚力小于附着力，发生润湿现象。

7.2.2　渗透检测的原理

液体渗透检测的基本原理是由于渗透液的润湿作用和毛细现象进入表面开口的缺陷，随后被吸附和显像。渗透作用的深度和速度与渗透液的表面张力、黏附力、内聚力、渗透时间、材料的表面状况、缺陷的大小及类型等因素有关。

可将零件表面的开口缺陷看作是毛细管或毛细缝隙。由于所采用的渗透液都是能润湿零件的，因此渗透液在毛细作用下能渗入表面缺陷中去（如图 7-5a 所示），此时在不进行显像的情况下可直接进行观察，如果使用显像剂进行显像，灵敏度会大大提高。

显像过程也是利用渗透的作用原理，显像剂是一种细微粉末，显像剂微粉之间可形成很多半径很小的毛细管，这种粉末又能被渗透液所润湿，所以当清洗完零件表面多余的渗透液后，给零件的表面敷散一层显像剂，根据上述的毛细现象，缺陷中的渗透液就容易被吸出，形成一个放大的缺陷显示（如图 7-5b 所示）。

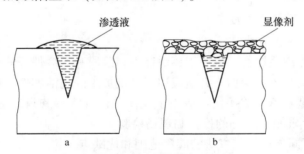

图 7-5　渗透检测原理图

a—留在裂纹中的渗透液逸出表面；b—粉末显像剂的作用原理

总之，渗透检测的基本原理就是在被检材料或工件表面上浸涂某些渗透力比较强的液体（渗透剂），在毛细作用下，渗透剂渗入表面开口的缺陷中去，然后用水和清洗液清洗材料或工件表面的多余渗透液，再用显像材料喷涂在被检表面，缺陷中的渗透剂在毛细作用下重新被吸附到表面上来形成放大了的缺陷显示，在紫外线（荧光探伤）或在白光灯下（着色探伤）观察缺陷显示。

通常有下列四个基本过程：

（1）渗透：将试件浸渍于渗透液中、用喷雾器或刷子把渗透液涂在试件表面，使其渗入到缺陷中。

（2）清洗：待渗透液充分渗透到缺陷内之后，用水或清洗剂把试件表面的渗透液洗掉。

（3）显像：把显像材料（是一种白色粉末）调匀在水或其他溶剂中，制成的显像剂或者把微细粉末状的显像材料涂敷在试件表面上，残留在缺陷中的渗透液就会被显像剂吸出，到表面上形成大的黄绿色荧光或者红色的显示迹痕。

（4）检验（观察）：用荧光渗透液的显示迹痕在紫外线照射下能发出强的荧光，用着色渗透液的显示迹痕在自然光线下成红色，所以很容易识别，用肉眼观察就可发现很微细的缺陷。

7.3 渗透检测的技术

7.3.1 渗透探伤方法的分类及应用

7.3.1.1 渗透探伤方法的分类

（1）按渗透剂中溶质（色调）的不同分为：

1）荧光渗透探伤法：用波长 360±30nm 的紫外线照射，使缺陷迹痕发出黄绿色光线。

2）着色渗透探伤法：在自然光或白光下观察，不受探伤场所、电源和探伤装置限制。

（2）上述两种方法，根据清洗液的不同又分为：

1）水洗型渗透探伤法：直接用水清洗干净。

2）后乳化型渗透探伤法：在被检工件表面施加乳化剂后才能用水清洗。

3）溶剂去除型渗透探伤法：直接用有机溶剂清洗。

7.3.1.2 渗透探伤方法的应用

常用的三种渗透探伤方法是：

（1）水洗型荧光渗透探伤：应用于铸锻件毛料阶段和焊缝件等的检验。

（2）后乳化型荧光渗透探伤：大量应用于经机加工的光洁零件的检验。

（3）溶剂去除型着色渗透探伤：适用于表面光洁的零件和焊缝的检验，特别适合于大零件的局部检验，非批量零件的检验和现场检验。

表7-2给出了不同渗透探伤方法的应用范围和优缺点。

表 7-2 渗透探伤法的种类、应用范围和优缺点

渗透探伤法		着色探伤法		荧光探伤法	
		应用范围和优点	缺点	应用范围和优点	缺点
水洗型	自乳化型	适于检查表面较粗糙的零件，不需要暗室和紫外线光源，操作简便，成本较低	灵敏度较低，不易发现微细缺陷	该方法较为常用，适于检查表面较粗糙的零件	灵敏度较低，其使用受水源、电源、光源、暗室等条件的限制，渗透液中若混入水会明显影响其渗透性能
	水基型	适于检查不能接触油类的特殊机件	灵敏度很低	适于检查不能接触油类的特殊机件	灵敏度很低

渗透探伤法	着色探伤法		荧光探伤法	
	应用范围和优点	缺点	应用范围和优点	缺点
后乳化型	应用较广，具有较高灵敏度，不需要暗室和紫外线光源，适宜检查较精密零件	较水洗型多了一道乳化工序	该方法为渗透探伤中灵敏度最高的方法，适宜检查精密零件。渗透液中若混有少量水分，对渗透性能影响不大，且其挥发性小	较水洗型多了一道乳化工序，不是用于检查表面较粗糙零件。其广泛使用受设备等条件的限制
溶剂清洗型	应用较广，特别是使用制式喷罐，可简化操作适宜于大型零件的局部探测	若无喷罐清洗时，手工操作不易掌握，不适用于大批量零件的探测。成本较高	灵敏度较高，使用喷罐时可对大型零件进行局部检查	若无喷罐清洗时，手工操作不易掌握，不适用于大批量零件的探测。成本较高

实际生产或试验中，应视零件探伤要求、客观设备条件的许可程度选择适当的探伤方式。例如，野外或大型零件的现场检查，若现场的水源和电源不便，则可用溶剂洗涤型（最好是已制成喷罐的）着色探伤较为适宜。又如，对某些要求高的精密零件，若设备条件许可，则采用后乳化型荧光探伤为好。总之，方法的选用不能一概而论，因各有利弊，应灵活掌握。

7.3.2 渗透探伤用试块

7.3.2.1 常用的渗透探伤试块与作用

（1）铝合金对比试块：在铝合金板上刻 1.5mm×1.5mm 的槽，一面加热一面不加热，然后淬火，得到淬裂（一个试片有缺陷和无缺陷的区域），如图 7-6a 所示。

主要用作渗透液探伤灵敏度对比实验（所用的渗透液能把试块上的已知缺陷检测出来）；用于检验探伤操作是否适当、工艺参数是否合理（针对每个检验环节，在试块上的操作与工件上的完全一样，只要试块上的已知缺陷能检测出来，那么工件上的缺陷也应该能检测出来）；用于检验荧光液的老化性（看荧光渗透液能否在紫外灯下发出黄绿色的荧光）。

（2）不锈钢镀铬辐射裂纹试块，在镀铬表面打硬度制造人工龟裂，如图 7-6b 所示。

主要作为渗透探伤随班检验试块，以检查工件材料，设备状态与人员操作是否正常。针对实际操作的每一步骤，在试块上也相应进行，最后比较是否试块上的已知缺陷能否检出。否则，探伤失败。

7.3.2.2 试块的维护

每次使用后，必须彻底清洗。

清洗方法主要有：

（1）水煮法：把试块浸入盛有水的烧杯中，加热煮沸半个小时，再烘干试块。

（2）溶剂浸泡法：将试块浸泡于溶剂（多用丙酮）中，保持一定时间。一般使用的溶剂应根据探伤的配方来选择。

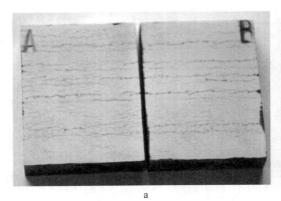

a　　　　　　　　　　　　　　　　　b

图 7-6　渗透探伤用试块

a—铝合金对比试块；b—镀铬辐射裂纹

7.3.3　渗透检测的步骤或方法

渗透探伤按照如下操作进行：

（1）表面准备和预清洗。

表面准备是指工件在渗透检验前的表面清理，包括清理铁屑、铁锈、毛刺和氧化皮等表面污染，预清洗是用来去除工件表面的油污之类的表面污染。

清理的方式主要是机械方法，包括振动光饰、抛光、干吹砂、湿吹砂、钢丝刷、超声波清洗。

预清洗则有碱洗、酸洗的化学去除方法和溶剂蒸汽除油、溶剂液体清洗的溶剂去除方法。

（2）渗透：是以渗透剂来覆盖零件。

1）覆盖的方法有喷涂，针对大零件用；

2）刷涂，针对焊缝用，局部检验；

3）浸涂，针对小零件用，直接把被检工件浸在盛有渗透液的容器中。

4）静电喷涂（在喷涂前有一特殊电极，使渗透液容易附着在工件上）。

注：对细微的裂纹，要采用加载渗透法，即在渗透的同时，给零件加载荷，使微裂纹张开，让渗透剂渗入。必要时采用超高灵敏度探伤剂，即能清晰显示宽 $0.5\mu m$、深 $10\mu m$、长度在 $1mm$ 以下的微细裂纹。

（3）清洗：去除表面多余的渗透剂。

一般用加入乳化剂（非离子或阴离子型表面活性剂）的水来清洗。

（4）干燥：把工件表面的水渍干燥。由显像的方式来决定干燥的顺序。

如采用干粉显像或非水湿显像，零件必须在显像前干燥；若采用水湿显像，则零件在显像后再进行干燥处理。

干燥方式：用干净的布擦干，压缩空气吹干，热风吹干，热空气循环烘干装置烘干。

（5）显像：是从缺陷中吸出渗透剂的过程。

1）湿式显像法：是从白色微细粉末的显像材料调匀在水中或高挥发性的有机溶剂中作为湿式显像剂的一种方法。

2）非水湿显像：大多用压力罐喷显示；含水湿显像：大多采用浸涂。

3）干式显像法：是直接使用干燥的白色微细粉末状显像材料作为显像剂的一种方法。常采用喷粉柜进行喷粉显像，此法不适于着色渗透探伤法。

4）自显像法（无显像剂式显像法）：指工件在清理处理之后，不加显像剂，停留一段时间，等缺陷中的渗透剂重新蔓延到零件表面上之后再进行检验。为保证足够的灵敏度，通常采用较高等级的渗透剂进行渗透后在更强的紫外线下进行检验。此法也不适用于着色渗透探伤法。

（6）检验（观察）。着色检验在白光下进行，白色光强度要足够；荧光检验在暗室里进行，暗室要足够的暗。

各种渗透探伤方法的基本操作步骤如图 7-7 所示。

水洗型渗透探伤法：

后乳化型渗透探伤法：

溶剂去除型渗透探伤法：

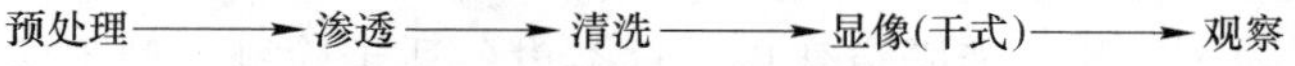

图 7-7 各种渗透探伤方法步骤图

渗透探伤的注意事项：

（1）在渗透时必须使渗透液充分渗入缺陷，为此需注意：

1）渗透处理时，要在试件表面上造成充分的湿润条件，以便形成渗透液的薄膜，要充分除去油脂、涂料、锈蚀和水等影响渗透液渗透的障碍物。

2）根据渗透液的种类，试件的材质，预计的缺陷种类和大小，以及探伤时的温度等来考虑确定适当的渗透时间。

（2）在清洗时，只需除去附着在试件表面的渗透液，不要使渗透缺陷中的渗透液流出，要保留下来。

（3）显像前进行干燥时，要有合适的干燥温度，使其能在尽可能短的时间里有效地完成干燥。不能使缺陷中的渗透液干涸。

7.3.4 渗透探伤缺陷的显示与评定

渗透探伤时真实的缺陷显示有四种基本图像：

（1）连续线条。一般为裂纹、冷隔、折叠等缺陷的显像；

（2）断续线条。可能是相邻缺陷的显像，可能是线形缺陷的局部被堵住的表象，例如零件经过磨削、喷丸、喷砂、锻造等加工。

（3）圆形显像。通常为表面气孔、针孔、疏松等缺陷的显像；

（4）小点状显示。一般为针孔、显微疏松产生的显像。

注意区别虚假显像，指在着色检测中，由于零件表面受到渗透剂的污染或清洗不利而产生的干扰显像，称为虚假显像。

产生虚假显像的原因（途径）有：

（1）操作者手上玷污的渗透剂，对零件被检部位造成的污染；

（2）检验工作台上的渗透剂，对零件被检部位造成的污染；

（3）清洗时擦布本身不洁净或刮落的棉纱纤维玷污了渗透剂，使零件被检部位造成的污染；

（4）吊具或盛具中残存的渗透剂，与清洁零件接触而造成的污染；

（5）清理后的零件中又有残留的渗透剂渗出，污染了相邻的零件表面；

（6）显像剂受到渗透剂的污染。

7.4　渗透探伤设备

渗透探伤设备一般分为固定式和移动式（或便携式）两类，具体特点、组成及应用如下所述。

7.4.1　固定式渗透探伤设备

这是一种适于探测一定尺寸形状的通用性设备，具体可以分为两种形式。

（1）整体型设备。组成整体型渗透探伤设备的各单元均在一个统一体内，它们之间的相互配制是确定的，因而不能随意变更。这类设备适于检测小型零件，如图7-8所示。

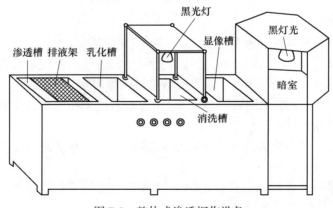

图 7-8　整体式渗透探伤设备

（2）分离型设备。设备的各组成单元可分开配置，根据工作场所或需要进行重新组合，适宜检测大型零部件，如图7-9所示。

固定型设备一般由下列单元设施构成。

（1）渗透槽。一般用不锈钢、铝合金或其他耐腐蚀材料制成，并配有密封性能较好的槽盖，以减少渗透液的挥发。为防止渗透液中有害气体对操作场所的污染和对人体的毒害，渗透槽应有抽风装置或置于装有抽风设备的通风橱内。渗透液的排液架用金属网格制成，可直接置于渗透槽口的一侧，以便零件在排液架上将其剩余渗透液排入渗透槽，回收

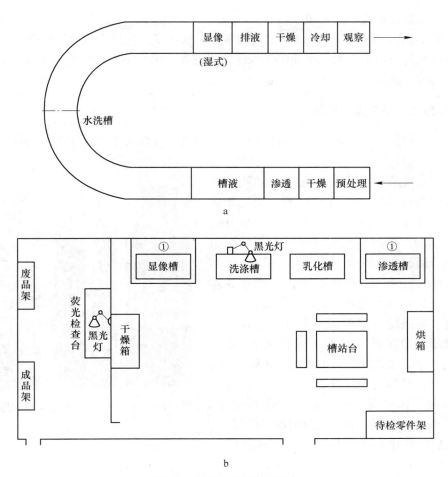

图 7-9 分离式渗透探伤设备

再用。如环境温度太低，则渗透槽应附有加热装置，使渗透液温度达到探伤所需要的温度。

（2）乳化槽。在乳化渗透探伤中，乳化是不可缺少的一道工序。乳化槽的形式与渗透槽基本相同，也应有排液架，但乳化槽不必装抽风设备。

（3）洗涤槽。洗涤水应有适当的温度、流量和压力。一般洗涤水温度为 $30 \sim 40 ℃$、流量为 $12 \sim 30 kg/min$，压力为 $1.5 \sim 3 kg/cm^2$，且水流应向淋浴一样均匀浇洒在零件上。若水温过低，则应加热到规定温度再进行洗涤。

（4）干燥箱。零件在预处理、洗涤和显像后（或显像前），一般均需进行必要的加热和干燥。所用的温度应在 $30 \sim 150 ℃$ 之间可调，建议采用热风循环式干燥箱，它既能保证热空气的循环，又能使工作温度得到迅速的恢复。

（5）显像槽。显像槽随显像方式的不同应有所区别。湿式显像常用浸涂法，这样，湿式显像槽应配有密封性能较好的槽盖和必要的搅拌装置，密封好，可使显像液成分不变，利于长期使用，搅拌可使显像液保持均匀状态，以便在零件表面形成均匀的显像膜。若环境温度较低，则显像槽应附有加热设备。为回收零件液浸式显像后的剩余显像液，显像槽上应有金属网格做成的排液架。干式显像槽为防止显像粉末飞扬，多在密闭容器中进行，同时显像槽应附设抽风和吸尘装置。

（6）检查台（观察台）。显像结束后的零件应放在专用的检查台上进行观察。检查台上应备有照明灯、风扇和供拍摄缺陷图像的照相设备。荧光渗透探伤的检查台应附有紫外线光源和暗幕，或者将其直接置于暗室中。

7.4.2　可移动或携带探伤设备

这种探伤仪的特点是体积小、重量轻、便于携带。通常有手提式荧光探伤仪和着色探伤液喷罐。

手提式荧光探伤仪是在一个不大的箱子内装有三瓶渗透探伤液（荧光渗透液、荧光乳化液和荧光显像液），并有一只黑光灯，箱顶有一可拉出的搁架，供放置黑光灯用，配备的黑布可沿着搁架围起来，形成一个简易的暗室。

着色探伤液喷罐，喷罐是探伤液的存放容器，主要由容器和喷射机构两部分组成的一个密闭装置，按照罐体颜色的不同分别装着渗透剂、清洗罐和显像罐（如图 7-10 所示）。使用时打开喷罐上方的喷嘴，即可喷出雾状液珠，渗透、清洗、显像几个工序依次进行。操作时注意不得向人体喷射，不得在火源附近操作，不得在狭小空间使用，显像喷嘴不能离工件太近，用完后的喷罐不能投入火中，以防爆炸。

图 7-10　着色渗透探伤液喷罐图

7.5　渗透检测的适用范围与特征

渗透探伤（PT）是一种表面缺陷的探伤方法，可以应用于金属和非金属材料。

为了进行可靠性、灵敏度较高的探伤，必须使用性能好的探伤剂，而且必须进行适当而稳定的探伤操作。究竟在各种渗透探伤法中选择哪一种，则应该考虑试件的材质、尺寸、检测数量和表面光洁度，并要预计缺陷的种类和大小，还要考虑有没有电源和自来水、探伤剂的性能、操作特点以及经济性等。

7.5.1　渗透检测的适用范围

渗透检测的适用范围主要有以下几方面。

（1）微细裂纹（宽而浅的裂纹）：用后乳化型渗透探伤。

（2）疲劳裂纹和磨削裂纹（宽度很窄的裂纹）：用后乳化型荧光渗透探伤和溶剂去除型荧光渗透探伤。

（3）小批量生产的工件（螺钉和销子槽等锐角边缘）：用水洗型荧光渗透探伤。

（4）表面粗糙的试件：用水洗型渗透探伤。

（5）大型工件和结构物的局部探伤：用溶剂去除型渗透探伤。

（6）探伤地点遮光有困难的地方：用着色渗透探伤（包括水洗，后乳化，溶剂去除）。

（7）没有自来水和电源的地方：用溶剂去除型着色渗透探伤。

7.5.2 渗透检测的特征

（1）钢铁材料，有色金属材料，陶瓷材料和塑料等表面缺陷都可以用渗透探伤。

（2）试件表面的开口缺陷有时也会探不出来。

（3）即使是形状复杂的试件，只需一次探伤操作就可以大致做到全面探测。

（4）即使是圆面上的缺陷，也很容易观察出显示痕迹。另外，同时存在几个方向的缺陷时，用一次探伤操作就可以完成探测。

（5）不需要用大型的设备。

（6）受试件表面光洁度的影响。

（7）探伤结果往往容易受检测操作人员技术的影响。

（8）对多孔性材料的探伤一般是有困难的。

（9）为了防止油和其他探伤剂引起环境污染，必须进行充分的排水处理。

（10）防止有机溶剂的中毒和油类可燃性物质的火灾。

8 无损检测新技术

8.1 声发射检测

8.1.1 声发射检测技术及原理

声发射作为一门检测技术起步于 20 世纪 50 年代的德国。声发射（Acoustic Emission，AE）是指材料或结构受内力或外力作用产生形变或破坏，并以弹性波形式释放出应变能的现象。声发射是一种常见的物理现象，大多数材料变形和断裂时都有声发射现象产生，如果释放的应变能足够大，就产生可以听得见的声音，如在耳边弯曲锡片，就可以听见噼啪声，这是锡受力产生孪晶变形的声音。

最被人熟知的 AE 应该说还是地震，地震是地球内的岩石破坏造成的"声音"的放出，因为破坏面大，且震源远，波动的频率为数赫兹到数十赫兹。据后汉书记载，张衡在公元 132 年发明了可以报知地球中哪个方向发生了 AE（地震）的地动仪，如图 8-1 所示。

地下深部具有很大的地压，如果在地下掘进新坑道或采煤，岩体中的平衡就会被破坏，严重时就会发生岩爆、瓦斯突出。在突然爆发之前，有"山鸣"、"煤鸣"等前兆，这也是声发射。

大多数金属材料的塑性变形和断裂的原始声发射信号一般都很微弱，人耳不能直接听见，需借助灵敏的电子仪器才能检测出来。这种借助电子仪器对声发射信号进行接收、处理、分析显示并以此对声发射源进行定位、定性和定量分析的一系列技术，统称为声发射检测技术。

图 8-1 地动仪

声发射技术是一种评价材料或构件损伤的动态无损检测诊断技术。它是通过对声发射信号的处理和分析来评价缺陷的发生和发展规律，并确定缺陷位置。声发射技术已经在压力容器的安全性检测与评价、焊接过程的监控和焊缝焊后的完整性检测、核反应堆的安全性监测以及断裂力学研究等诸多领域都取得了重要进展，部分研究已进入工业实用化阶段，成为无损检测技术体系中的一个极其重要的组成部分。

用人们熟悉的超声波探伤与声发射检测进行对比，如图 8-2 所示。

超声波探伤法是利用与 AE 相同的超声波来探索物体内部缺陷的技术，超声波探伤法与雷达一样从发射超声波信号的信号发生器发射脉冲，信号接收器接收从缺陷处反射回来的发射波，来确认有无缺陷，信号发生器与信号接收器是相同的。比如说即使有缺陷，如

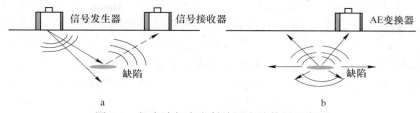

图 8-2 超声波与声发射检测声波传播示意图

a—超声波检测；b—声发射检测

果超声波不接触到它，这种缺陷也检查不出来。因此，信号发生器和信号接收器必须对要检查的部分进行全面扫描，并且，能够发现缺陷的大小受超声波频率的影响。小的缺陷需要高频率，但是由于高频率信号的振幅衰减大，因此受到限制。但能积极地发现缺陷是其优点。

而用 AE 法发现缺陷时，没有必要给其施加能量，只要设置几个 AE 变换器，等待缺陷发出的波即可。需要的只是设置 AE 变换器作业，即使从 AE 变换器到缺陷之间也有距离，只要波到达了就有效。根据 AE 波到达的时间差，可以确定 AE 发生源的位置。而超声波探伤法不同，即使有缺陷，如果不施加外力，就不产生回波，不能发现缺陷。AE 法最优越的一点是，如果不发生 AE，也就表示既存的缺陷不扩展，可以说很安全。超声波探伤法、射线检测、磁粉探伤、渗透法等无损检测法都必须停止作业中的设备再进行检查，这是它们最大的缺点。而 AE 法不停止作业就能发现缺陷，也就是说，AE 法有能够在线监测的优点。

8.1.2 声发射的产生与传播

8.1.2.1 声发射的产生

工程材料中有许多机构都可能成为声发射源，其中，与无损检测有关的声发射源则主要有塑性变形和裂纹的形成与扩展。塑性变形主要是通过滑移和孪生两种方式进行的，其中滑移是最主要的方式，它的过程则是位错的运动。它们均会产生声发射，弯曲金属锡片时出现的"锡鸣"，就是变形过程产生声发射现象的一个实例。孪生变形是晶体塑性变形的一种基本方式，它与滑移变形不同，所谓孪生是两个位向不同的晶体以一定的位向关系通过某一晶面结合在一起的总体。

在实际的材料中，确实已检测到与位错运动有关的声发射，为此，提出了几个产生声发射的位错模型。每个模型都得到了部分实验结果的支持。一种模型认为，位错产生声发射与塞积位错在反向应力作用下使位错源开动和关闭有关。自由位错线的长度和位错滑动的距离有一个低限，低于此值时将不能检测到声发射。这个下限值取决于检测系统对应变的灵敏度，即系统能检测到的试样表面的最小位移。

另一种模型则认为，声发射率与晶体内可动位错的密度变化有关，声发射计数率（dN/dt）与可动位错密度 A_m 的关系为：

$$\frac{dN}{dt} = 10^{-4} dA_m/dt \tag{8-1}$$

$$A_m = m_p \cdot \varepsilon_p e^{-\frac{H\varepsilon_p}{\sigma}} \tag{8-2}$$

许多金属材料在拉伸变形时，都可看到在屈服点附近出现声发射计数率的高峰。在进入加工硬化阶段后，声发射计数率急剧下降，其典型结果如图 8-3 所示。图中的虚线是根据上式计算出来的塑性变形的声发射计数率曲线，可见其与实际声发射计数率曲线符合得相当好。由图可以看出，在屈服点附近出现的声发射计数率高峰，与可动位错数量的增加关系密切。加工硬化阶段声发射计数率降低，是由于位错的交割和钉扎使可动位错数目减少所致。

式中，m_p 为位错增殖系数；ε_p 为塑性变化量；H 为硬化系数；σ 为作用应力。

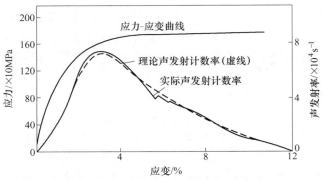

图 8-3   7075-T6 铝合金拉伸试样的声发射与理论计算值

对于无损检测来说，裂纹的形成和扩展则是一种更为重要的声发射源。裂纹的形成和扩展与材料的塑性变形有关，一旦裂纹形成，材料局部区域的应力集中得到卸载，声发射便产生。

材料的断裂过程大致可分为裂纹成核、裂纹扩展和最终断裂三个阶段，这三个阶段都可成为强烈的声发射源。关于裂纹的形成已提出了不少模型，如位错塞积理论、位错反应理论和位错销毁理论等，它们都得到了部分实验结果的支持。理论计算表明，如果在裂纹形成过程中，多余的能量全部以弹性应力波的形式释放出来，则裂纹形成所产生的声发射比单个位错移动产生的声发射至少要大两个数量级。在微观裂纹扩展成为宏观裂纹之前，需要经过裂纹的缓慢扩展阶段。裂纹扩展所需的能量为裂纹形成所需能量的 $100 \sim 1000$ 倍。裂纹扩展是间断进行的，大多数金属都具有一定的塑性，裂纹每向前扩展一步，都将积蓄的能量释放出来，使裂纹尖端区域卸载。这样，裂纹扩展产生的声发射很可能比裂纹形成产生的声发射还大得多。当裂纹扩展到接近临界裂纹长度时，便开始失稳扩展，成为快速断裂，此时的声发射强度则更大。

8.1.2.2   声发射的传播

作为应变能以弹性波的形式释放而产生的声发射波，与超声波有相似的传播规律。从传播形式上来看，声发射波在固体介质中也会以纵波、横波、表面波和板波等各种形式向前传播；声发射波在传播过程中，由于界面（缺陷、晶粒）的反射还会发生各种波形转换。

声发射波在传播过程中，除由于波前扩展而产生的扩散损失外，还会由于内摩擦及组织界面的散射使其在规定方向传播的声能衰减。造成声波在固体中，尤其是在金属中衰减的原因很多，主要的有散射衰减、黏性衰减、位错运动引起的衰减、铁磁性材料的磁畴壁运动以及残余应力和声场紊乱引起的衰减等。此外，还有由于与电子的相互作用引起的衰减及由其他各种内摩擦引起的衰减。

若在半无限大固体介质中的某一点产生声发射波（见图8-4），当传播到表面上某一点时，纵波、横波和表面波相继到达，因互相干涉而呈现出复杂的模式。

声发射在厚钢板中以所谓循轨波的形式向前传播，波在传播过程中，在两个界面上会发生多次反射，每次反射都要发生波形转换，即从声源发出单一频率的波以循轨波的形式传播后而具有复杂的特性（见图8-5）。因此，要处理像声发射这样的过渡现象十分困难。循轨波的传播速度大体上与横波的传播速度相当。

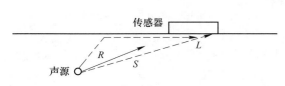

图8-4　半无限大固体中声发射的传播

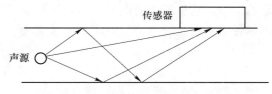

图8-5　循轨波的传播

循轨波传播的另一个特点是：频率不同的波因传播速度不同而引起频散现象。假定在声发射源处的波形是一个简单的脉冲，则在有限介质中传播一定距离后，其波形变钝，脉冲变宽并分离为几个脉冲，先后到达表面某一点，如图8-6所示。

图8-6　循轨波传播引起的波形分离现象
a—原始波形；b—传播后的分离波形

8.1.2.3　声发射检测的技术基础

A　事件计数和振铃计数

计数法是处理脉冲信号的一种常用方法。对如图8-7所示的突发型声发射信号，其经过包络检波后的波形超过槛值电压的部分便形成一个矩形脉冲，此矩形脉冲即称为一个声发射事件。逐一计数每一个这样的矩形脉冲即为声发射事件计数，单位时间的事件计数称为事件计数率，其计数的累积则称为事件总数。

振铃计数就是逐一计算声发射信号波形超过预置槛值电平的次数。单位时间的振铃计数称为振铃计数率，振铃计数的累积称为振铃总计数。取一个事件的振铃计数称为振铃计数或振铃事件，如图8-8所示。

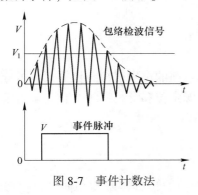

图8-7　事件计数法

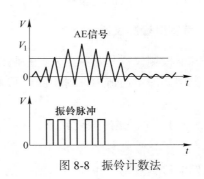

图8-8　振铃计数法

B　幅度及幅度分布

幅度是指声发射波形的峰值幅度，幅度分布是指事件计数或振铃计数关于幅度的函数分布。幅度及幅度分布被认为是可以更多地反映声发射信息的一种处理方法。

微分型的幅度分布如图8-9所示。

C　能量

声发射能量反映声发射源以弹性波的形式释放的能量。这里所说的能量仍然是针对仪器的输出信号而言的。瞬态信号的能量 E 定义为：

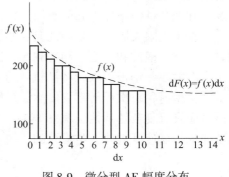

图8-9　微分型 AE 幅度分布

$$E = \frac{1}{R} \int_0^\infty V^2(t)\,\mathrm{d}t \tag{8-3}$$

式中　R——电压测量线路的输入阻抗；

$V(t)$——与时间有关的电压。

根据这个定义，将声发射信号的幅度平方，然后进行包络检波，求出包络检波后的包络线所围的面积，可以作为信号所包含的能量的量度。

D　声发射源定位

声发射检测的最终目的是要确定声发射源（简称声源）的位置，并评价其危险程度，以便采取相应的措施。因此，声发射源定位也是声发射检测的一项重要内容。声发射源定位分为点定位法和区域定位法两种。

所谓点定位法，是在被检物表面某一范围内将几个声发射传感器按一定的几何关系布置在固定点上，组成传感器阵列，以便测定出缺陷的所在位置。测定声发射源发射的声波传播到各个传感器的相对时差，将这些相对时差代入满足该阵列几何关系的一组方程中求解，从而得到该缺陷的位置坐标。为简化计算，实践中的点定位法通常将传感器按特定的几何图形布置。

区域定位法又称"查表法"，是将传感器所能覆盖的区域分割成许多正三角形，每个正三角形又分割成六个扇形，每个扇形区域内按已知的时差数据的双曲线分割成许多小区域，并将这些数据存储在计算机中。对于某一未知的声发射源，只要将测得的信号到达各传感器的时差与计算机内存储的数据相比较，就可以查出声发射源在某三角形中某扇形的某个小区域内。此法的定位精度与点定位法相当。

8.1.3　声发射检测仪器

声发射检测仪器是从事声发射检测试验的工具。目前的声发射检测仪器大体可分为两种基本类型，即单通道声发射检测仪和多通道声发射源定位和分析系统，且大多为组合式结构。

8.1.3.1　声发射传感器

A　声发射传感器的种类

声发射传感器的工作原理与前述的压电法产生超声波传感器基本相同。它一般由壳

体、保护膜、压电元件、阻尼块、连接导线和高频插座
等几部分组成，其典型的简化结构如图 8-10 所示。压
电元件通常采用锆钛酸铅、钛酸钡和铌酸锂等。根据不
同的检测目的和使用环境而选用不同的结构和性能的传
感器。

B 传感器的标定

由于理论模型与其实际结构之间存在差异，使得声
发射传感器的实际灵敏度和频率特性与其理论值往往有
较大的偏差，因此，实际测试中必须对所用传感器的灵
敏度和频率特性等指标进行标定。标定方法因激励源和
传播介质的不同，可以组成多种方法，如激光脉冲法、
玻璃毛细管破裂法、电火花法、断裂铅笔芯法等，但至
今尚没有一种标定方法得到普遍承认。

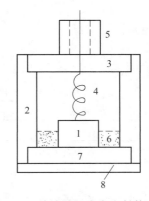

图 8-10 单端谐振式声发射传感器
1—压电元件；2—壳体；3—上盖；
4—导线；5—高频插座；6—吸收剂；
7—底座；8—保护膜

标定的激励源可分为噪声源、连续波源和脉冲波源
三种。属于噪声源的有氢气喷射、应力腐蚀和金镉合金相变等；连续波源可以由压电换能
器、电磁超声换能器和磁致伸缩换能器等产生；脉冲源可以由电火花（见图 8-11a）、玻
璃毛细管破裂（见图 8-11c）、铅笔芯断裂（见图 8-11d）、落球和激光脉冲（见图 8-11b）
等组成。传播介质可以是钢、铝或其他材料的棒、板和块。

8.1.3.2 声发射检测仪的组成及工作过程

声发射检测系统组成部分主要有：传感器、放大器、信号接收部分、信号处理部分、
测量显示部分，如图 8-12a 所示。其工作过程是声发射检测根据现场探头（传感器）布
置，从声发射源发射的弹性波最终传播到达材料的表面，引起可以用声发射传感器探测的
表面位移，这些探测器将材料的机械振动转换为电信号，然后再被放大、处理和记录。固
体材料中内应力的变化产生声发射信号，在材料加工、处理和使用过程中有很多因素能引
起内应力的变化，如位错运动、孪生、裂纹萌生与扩展、断裂、无扩散型相变、磁畴壁运
动、热胀冷缩、外加负荷的变化等等。人们根据观察到的声发射信号进行分析与推断以了
解材料产生声发射的机制。

主要目的是：

（1）确定声发射源的部位；

（2）分析声发射源的性质；

（3）确定声发射发生的时间或载荷；

（4）评定声发射源的严重性，其检测结果如图 8-12b 所示。某钢铁材料在三点弯曲疲
劳试验中，在裂纹萌生和扩展过程中不同幅度（dB）-试验时间（s）-波持续时间（μs）
分布波形图和快速傅里叶变换（FFT）功率谱图。可以看出，区域 1 可能由机器噪声引
起，该区域的 AE 存在于整个试验过程中，在裂纹萌生后机器噪声信号的低幅度部分消
失。区域 2 可能由材料塑性变形（位错运动）引起，该区域内，AE 在裂纹萌生前上升，
原因是在缺口尖端周围应力集中，而在裂纹萌生后 AE 下降，原因是在裂纹尖端前沿塑性
变形材料量减少。区域 3 可能由裂纹扩展引起，该区域内 AE 在裂纹扩展开始后出现。在

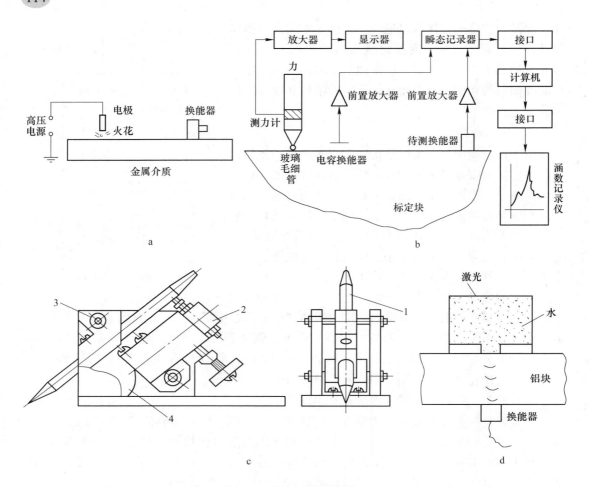

图 8-11　脉冲声源的标定

a—电火花标定方法；b—激光脉冲源标定法；c—玻璃毛细管破裂源标法；d—断裂铅笔芯模拟声源

1—铅笔；2—应力规；3—支点；4—弹簧

该区域观察到两大 AE 特征：低频率高持续时间（区域 3a）和高频率低持续时间（区域 3b），认为分别与塑性断裂模式和脆性断裂模式有关。图 c、d 是拉伸某复合材料，直至断裂，通过分析声发射信号领域、时域、空间的特性的测试结果。左边是发射，右边是接收的信号。通过这个图形，可以将此过程分割成以下几个阶段。从开始加载到断裂拉力的15%（时间 75s）左右时会产生声发射信号，该段信号幅度能量都很小（图 d 区域 1）。当拉力从 15%（时间 75s）到达断裂拉力的 30%（时间 150s）左右时，A 局部未接收到信号，说明在经过初期的调整后，声发射信号开始变小（图 d 区域 2）。从 30%（时间 150s）到 75%（时间 400s）这段时间内，声发射幅度的变化比较明显，但是声发射能量、计数和持续时间并不明显。说明在这个过程中，有声发射信号持续产生，但是信号所包含的能量很小，可能只是一些细微的断裂（图 d 区域 3）。从 75%（时间 400s）到 90%（时间 475s）这段时间内，声发射信号的强度明显增加，开始出现一些大能量的信号，但是信号的数量相比于下一阶段较少（图 d 区域 4）。从 90%（时间 475s）到断裂这段时间内，大能量的声发射信号明显增加，散点更加密集（图 d 区域 5）。

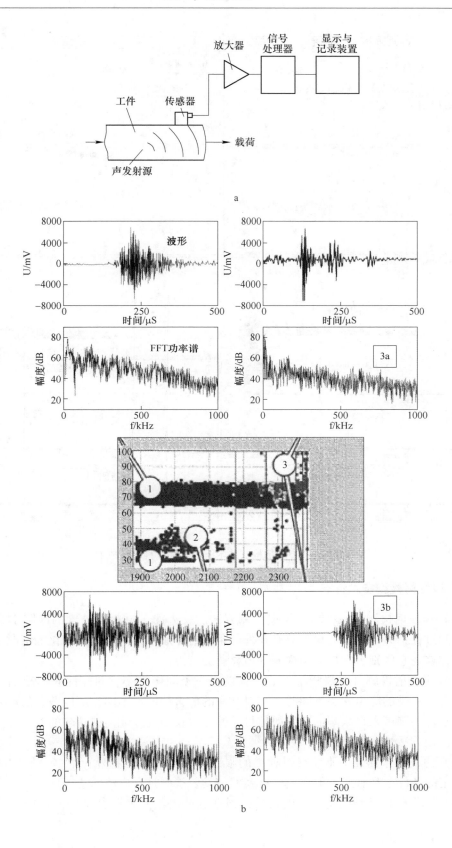

a

b

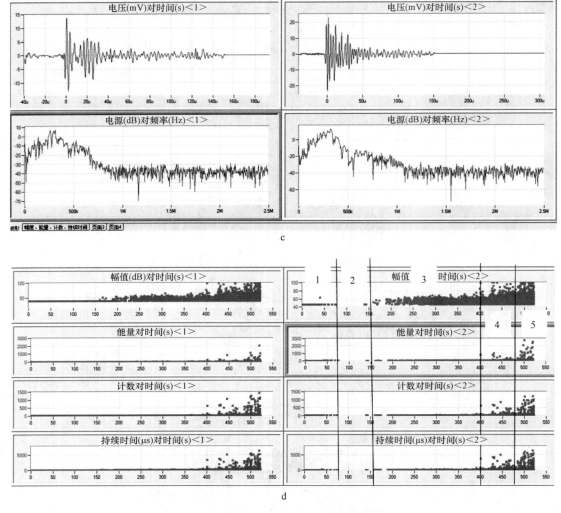

图 8-12　声发射检测技术组成及某材料测试结果

8.1.4　声发射检测技术特点

（1）声发射检测是一种动态无损检测方法。一方面，材料或结构的缺陷本身主动参与了检测过程；另一方面，缺陷只有在外部条件的作用使其内部结构变化的情况下才能被检测到，这是它区别于常规无损检测的最显著的特点。

（2）声发射检测可以判断缺陷的严重性。一个同样大小、同样性质的缺陷，当它所处的位置和所受的应力状态不同时，其对结构的危害程度也不同，所以，它的声发射特征也有差别。明确了来自缺陷的声发射信号，就可以长期连续地监视缺陷的安全性。这是其他无损检测方法难以办到的。

（3）声发射检测几乎不受材料种类的限制。除极少数材料外，很多金属和非金属材料在一定的条件下都有声发射发生。这就使声发射检测具有广泛的适用性。

（4）声发射检测到的是一些电信号，根据这些电信号来解释结构内部的缺陷的变化往往比较复杂，需要丰富的知识和其他实验手段的配合。

（5）声发射检测的环境噪声干扰往往较大，因此，如何除噪降噪、提高信噪比，始终是声发射检测的主要研究课题。

（6）凯塞（Kaiser）效应。如图8-13所示，材料受载时，重复载荷到达原先所加最大载荷以前不发生明显的声发射现象，这种声发射不可逆的性质称为凯塞效应。多数金属材料中，可观察到明显的凯塞效应。但是，重复加载前，如产生新裂纹或其他可逆声发射机制，则凯塞效应会消失。

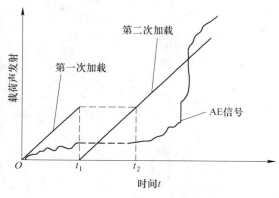

图 8-13　凯塞效应

凯塞效应在声发射技术中有着重要用途，包括：在役构件的新生裂纹的定期过载声发射的检测；岩体等原先所受最大应力的推定；疲劳裂纹起始与扩展声发射的检测；通过预载措施消除夹具的噪声干扰；加载过程中常见的可逆性摩擦噪声的鉴别等。

8.1.5　声发射检测的应用

自1964年美国对北极星导弹舱第一次成功地进行了声发射检测以来，声发射技术受到了极大的重视。我国于20世纪70年代开始研究和应用声发射，先后研制和开发了多种型号的声发射检测仪器，并在压力容器监测、疲劳裂纹扩展、焊接过程及断裂力学等方面得到广泛应用。对大型油罐的在线测试，声发射技术已成为唯一可行的检测诊断手段。

根据声发射的特点，现阶段声发射技术主要用于其他方法难以或不能适用的对象与环境、重要构件的综合评价、与安全性和经济性关系重大的对象等。因此，声发射技术不是替代传统的方法，而是一种新的补充手段。

（1）石油化工工业：各种压力容器、压力管道和海洋石油平台的检测和结构完整性评价，常压贮罐底部、各种阀门和埋地管道的泄漏检测等。图8-14为某运行中的压力容器的声发射检测装置和记录图。

（2）电力工业：高压蒸气汽包、管道和阀门的检测与泄漏监测，汽轮机叶片的检测，汽轮机轴承运行状况的监测，变压器局部放电的检测等。

（3）材料试验：材料的性能测试、断裂试验、疲劳试验、腐蚀监测和摩擦测试，铁磁性材料的磁声发射测试等。

（4）民用工程：楼房、桥梁、起重机、隧道、大坝的检测，水泥结构裂纹开裂和扩展的连续监视等。

（5）航天和航空工业：航空器壳体和主要构件的检测与结构完整性评价，航空器的时效试验、疲劳试验检测和运行过程中的在线连续监测，固体推进剂药条燃速测试等。

（6）金属加工：工具磨损和断裂的探测，打磨轮或整形装置与工件接触的探测，修理整形的验证，金属加工过程的质量控制，焊接过程监测，振动探测，锻压测试，加工过程的碰撞探测和预防。

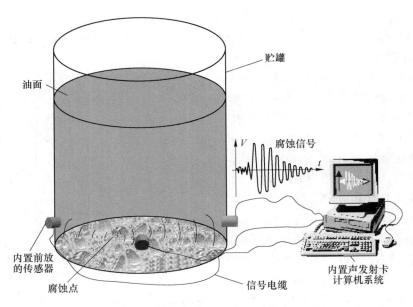

图 8-14　运行中压力容器的声发射监测

（7）交通运输业：长管拖车、公路和铁路槽车及船舶的检测与缺陷定位，铁路材料和结构的裂纹探测，桥梁和隧道的结构完整性检测，卡车和火车滚子轴承与轴连轴承的状态监测，火车车轮和轴承的断裂探测。

（8）矿山地质：边坡、巷道稳定性监测，山体滑坡监测。

（9）其他：硬盘的干扰探测，带压瓶的完整性检测，庄稼和树木的干旱应力监测，磨损摩擦监测，岩石探测，地质和地震上的应用，发动机的状态监测，转动机械的在线过程监测，钢轧辊的裂纹探测，汽车轴承强化过程的监测，铸造过程的监测，Li/MnO_2 电池的充放电监测，耳鼓膜声发射检测、人骨头的摩擦、受力和破坏特性试验，骨关节状况的监测等。

8.1.6　影响材料声发射特性的因素

声发射技术的应用均以材料的声发射特性为基础。不同材料的声发射特性差异很大，即使对于同一种材料，影响声发射特性的因素也十分复杂，如热处理状态、组织结构、试样形状、加载方式、受载历史、温度、环境、气氛等（见表 8-1）。对同一试样做试验，在同样的内部条件和外部条件下，由于试样中的声发射源不同，也表现出不同的声发射特性。因此，对材料声发射特性的全面了解尚需进行大量的研究工作。

表 8-1　影响材料声发射信号强度的因素

因素类别	产生高幅度信号的因素	产生低幅度信号的因素
材料特性	高强度材料、各向异性材料、不均匀材料、铸件、粗晶粒、马氏体相变、辐照过的材料	低强度材料、各向同性材料、均匀材料、锻件、细晶、扩散性相变、未辐照过的材料
试验条件	高应变速率、厚断面、高温	低应变速率、薄断面、低温
变形和断裂方式	孪生变形、解理型断裂、有缺陷材料、裂纹扩展、复合材料的纤维断裂	非孪生变形、剪切性断裂、无缺陷材料、塑性变形、复合材料的树脂断裂

8.1.6.1　塑性变形的声发射特性

金属试样拉伸时的声发射通常有两种类型，即连续型声发射和突发型声发射（见图8-15）。其中，连续型声发射是幅度低而连续出现、类似背景噪声的声发射，这种类型的声发射在塑性变形量较小时出现。当塑性变形增大时，连续型声发射的幅度也增大，而且，在材料屈服时，连续型声发射的幅度达到最大值。在屈服后，随着应变的增大，连续型声发射的幅度减小，而在接近破坏时，被突发型声发射所取代。突发型声发射是突然地发生且信号幅度一般比连续型声发射高。突发型声发射主要与显微裂纹的形成有关。

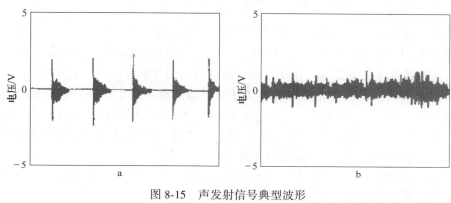

图 8-15　声发射信号典型波形

a—突发型；b—连续型

8.1.6.2　不可逆效应及其影响因素

试样第一次受力后再次以同样的方式受力时，在达到前次受力的最大载荷之前不出现声发射，此即不可逆效应，又称 Kaiser 效应。不可逆效应在声发射检测试验中具有重要意义。但应当指出，不可逆效应只是近似的，其影响因素也很复杂，如材料的合金成分、加载速度、试验温度等。实际中，绝大多数材料的不可逆效应比都小于1，有的材料在某些试验条件下甚至根本不存在不可逆效应。表8-2给出了声发射检测和其他常规无损检测方法的特点对比。

表 8-2　声发射检测方法和其他常规无损检测方法的特点对比

声发射检测方法	其他常规无损检测方法
缺陷的增长	缺陷的存在
与作用力有关	与缺陷的形状有关
对材料的敏感性较高	对材料的敏感性较差
对几何形状的敏感性较差	对几何形状的敏感性较高
需要进入被检对象的要求较少	需要进入被检对象的要求较多
进行整体检测	进行局部扫描
噪声、解释	接近、几何形状

8.2　红外无损检测

红外无损检测是利用红外物理理论，把红外辐射特性的分析技术和方法，应用于被检对象的无损检测的一个综合性应用工程技术。众所周知，材料、装备及工程结构等运行中的热状态是反映其运行状态的一个重要方面，热状态的变化和异常过热；往往是确定被检对象的实际工作状态和判断其可靠性的重要依据。通过对被检对象红外辐射特性的确定和分析，是确定和判断其热状态的良好途径。因此，红外无损检测技术在材料、装备及工程结构等的检验与评价汇总越来越受到人们重视。

8.2.1 红外无损检测技术的特点及存在问题

8.2.1.1 特点

红外无损检测技术和其他常规检测技术比较，有如下优点。

（1）操作安全：由于进行红外无损检测时不需要与被检对象直接接触，所以操作十分安全。这个优点在带电设备、转动设备及高空设备的无损检测中非常突出。

（2）灵敏度高：现代红外探测器对红外辐射的探测灵敏度很高，目前的红外无损检测设备可以检测出 0.1℃ 的温度差，因此能检测出设备或结构等热状态的细微变化。

（3）检测效率高：由于红外探测器的形影速度高达纳秒级，所以可迅速采集、处理和显示被检对象的红外辐射，提高检测效率。

一些新型的红外无损检测仪器可与计算机相连或自身带有微处理器，实现数字化图像处理，扩大了其功能和应用范围。

8.2.1.2 主要问题

红外无损检测存在的主要问题：

（1）确定温度值困难：使用红外无损检测技术可以诊断出设备或结构等热状态的微小差异和细微变化，但是很难准确地确定出被检对象上某一点确切的温度值。其原因是被检物体的红外辐射除了与温度有关之外，还受其他因素的影响，特别是物体表面状态的影响。

（2）难于确定被检物体的内部热状态：物体的红外辐射主要是其表面的红外辐射，主要反映了表面的热状态，而不可能直接反映出物体内部的热状态。所以，如果不使用红外光纤或窗口作为红外辐射传输的途径，则红外无损检测技术通常只能直接诊断物体暴露于大气中部分的过热故障或热状态异常。

（3）价格昂贵：红外无损检测仪器是高技术产品，更新换代迅速，生产批量不大，因此与其他检测仪器或常规检测设备相比，其价格是很昂贵的。

8.2.2 红外无损检测基础

8.2.2.1 红外辐射及传输

红外辐射实际是波长为 $0.75 \sim 100\mu m$ 的电磁波。由于这一波段位于可见光和微波之间，并且比红光的波长更长，所以红外辐射亦称红外线。由于任何温度高于热力学零度（0K）的物体，都会不停地进行红外辐射，所以红外辐射又称为热辐射。图 8-16 给出了红外辐射在电磁波辐射波长范围内所处的位置。红外辐射亦称为红外线、热辐射。

红外辐射是位于可见光中红光以外的光线，是一种人眼看不见的光线。相对应的频率大致在 $3\times10^{11} \sim 4\times10^{14}$ Hz 之间。任何物体，只要其温度高于绝对零度就有红外线向周围

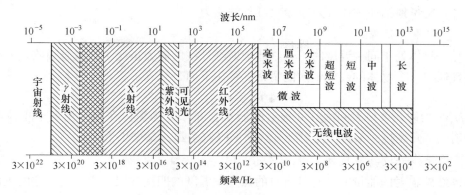

图 8-16 电磁波波谱分布图

空间辐射。

红外辐射在大气中传播时，由于大气中的气体分子、水蒸气以及固体微粒、尘埃等物质的散射、吸收作用，使辐射在传输过程中逐渐衰减。图 8-17 为红外辐射通过 1 海里长度大气的透过率曲线。它在通过大气层时由于大气有选择地吸收使其被分割成三个波段，即 $2 \sim 2.5 \mu m$、$3 \sim 5 \mu m$ 和 $8 \sim 14 \mu m$，统称为"大气窗口"。

根据定义将红外辐射分为如下三个波段：

（1）近红外波段，波长为 $0.75 \sim 3.0 \mu m$。

（2）中红外波段，波长为 $3.0 \sim 20 \mu m$。

（3）远红外波段，波长大于 $20 \mu m$。

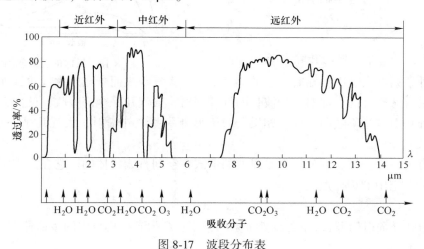

图 8-17 波段分布表

8.2.2.2 基于红外辐射的一些概念及定律

A 黑体

如果有一个理想的物体，它对红外的辐射率、吸收率与表面温度及波长无关，且等于 1（即全部吸收或全部辐射），那么这种理想的辐射体或理想的吸收体称为黑体。

辐射率：物体的实际辐射强度 I 和同温度下黑体辐射强度 I_b 之比。

$$\varepsilon = \frac{I}{I_b}$$

(8-4)

意义：定量地描述物体辐射或吸收红外的能力。

B　基尔霍夫定律

当几个物体处于同一温度时，各物体辐射红外线的能力正比于其本身吸收红外线的能力，并且任何一个物体的红外辐射能量密度可用下面公式表示：

$$\omega_\lambda = \alpha\omega_b \tag{8-5}$$

式中，ω_λ为物体在单位时间内红外辐射的能量密度；ω_b为黑体在同一温度下单位时间内红外辐射的能量密度；α为物体对红外辐射的吸收系数，总是小于1。

C　斯蒂芬—玻耳兹曼定律

物体红外辐射的能量密度与其自身的热力学温度的四次方成正比，并与它的表面辐射率成正比，即：

$$W = \sigma\varepsilon T^4 \tag{8-6}$$

式中，W为单位时间和单位面积物体的红外辐射总能量；σ为斯蒂芬—玻耳兹曼常数；ε为物体表面辐射率；T为物体的热力学温度。

意义：描述了物体辐射红外线能量与它温度之间的关系。物体的温度越高，它所辐射的红外能量越大，如图8-18所示。

D　维恩位移定律

给出了峰值波长λ_{max}与黑体温度T的关系。辐射的峰值波长，对应于辐射能量最大的波长。

$$\lambda_{max} = \frac{2897}{T} \tag{8-7}$$

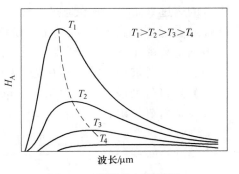

图8-18　黑体的红外辐射

8.2.2.3　红外辐射的传输与衰减

当红外辐射在大气中传输时，它的能量由于被大气吸收而衰减。大气对红外辐射的吸收与衰减是有选择性的，即对某种波长的红外辐射，大气几乎全部吸收，就像大气对这种波长的红外辐射完全不透明一样；相反，对于另外一些红外辐射，大气几乎一点不吸收，就像完全透明一样。

和所有电磁波一样，红外辐射是以波的形式在空间直线传播的。它在真空中的传播速度等于光在真空中的传播速度。

$$C = \lambda f \tag{8-8}$$

式中，λ为红外辐射的波长；f为红外辐射的频率；C为光在真空中的传播速度。

8.2.2.4　红外探测器

红外探测器的作用是将红外辐射转换为电信号的器件。

红外探测器的主要性能指标有：

（1）响应率：将红外辐射转换为电信号的能力。它等于输出信号电压与输入红外辐射能之比。

$$R = \frac{U}{W} \tag{8-9}$$

式中，R为红外探测器的响应率；U为输出信号电压；W为输入红外辐射能。

（2）时间常数：表示红外探测器对红外辐射响应速度的一个参数。

（3）响应时间：输出信号滞后于红外辐射的时间，称为探测器的响应时间。它反映红外探测器的输出信号随红外辐射变化的速率。

（4）等效噪声功率：红外探测器的输出电压较低，外界噪声对它的影响很大，因此要用噪声等效功率参数来衡量红外探测器的性能。噪声等效功率是输出信噪比为 1 时所对应的红外入射功率值，也即红外探测到的最小辐射功率，该值越小，探测器越灵敏。等效噪声功率，用符号 NEP 表示，定义为产生与探测器噪声输出大小相等的信号所需要的入射红外辐射能量密度。可用下式来计算：

$$NEP = \frac{\omega A}{U_s / U_n} \qquad (8\text{-}10)$$

式中，ω 为红外辐射能量密度；A 为红外探测器的有效面积；U_s 为红外探测器的输出信号电压；U_n 为红外探测器的噪声电压。

（5）探测率：等于等效噪声功率的倒数，是表示红外探测器灵敏度大小的一个参数。

$$D = \frac{1}{NEP} \propto (A, \ \Delta f) \qquad (8\text{-}11)$$

从式中可以看出，探测率 D 越大，其灵敏度就越高。探测率与红外探测器的有效面积和频带宽 Δf 的平方根成反比。

（6）光谱响应（响应波长范围）：对不同波长的响应。它表示探测器的电压响应率与入射波波长之间的关系，一般用光谱响应曲线来表示。热电型探测器一般可认为是无选择性探测器，而光电型探测器为有选择性探测器。一般将响应率最大的值所对应的波长称为峰值波长，而把响应率下降到响应值的一半所对应的波长称为截止波长。响应波长范围也表示红外探测器使用的波长范围。

常用的红外探测器主要有以下几种。

A 光电探测器

（1）光电导型探测器：当红外或其他辐射照射半导体时，其内部的电子接收了能量处于激发状态，形成自由电子及空穴载流子，使半导体材料的电导率明显增大。这种现象称为光电导效应。依光电导效应工作的红外探测器，叫作光电导探测器。常用的此类探测器有：锑化铟（InSb）探测器、硫化铅（PbS）、硒化铅（PbSe）探测器及锗 Ge 掺杂改性的各种探测器。光电导型探测器是一种选择性探测器。

当红外辐射或其他辐射照射半导体时，在产生载流子的同时，还存在载流子的复合消失现象，因此，光电导效应只有在辐射照射一段时间后，其电导率才会达到稳定值。当辐射停止时，也有类似现象，称之为光效应惰性，它影响了光电导探测器响应时间。一般将光电导上升到 90% 的稳定值所需要的时间，或光电导下降为 10% 稳定值的时间，称为光电导效应的时间常数。

（2）光伏型探测器：如果以红外或其他辐射照射某些半导体的 PN 结，则在 PN 结两边 P 区和 N 区之间产生一定的电压，这种现象称之为光生伏特效应，简称光伏效应。其实际是把光能变换成电能的效应。根据光伏效应制成的红外探测器，叫光伏型探测器，常用的有：砷化铟（InAs）、锑镉汞 [（Hg-Cd）Te] 和光伏型锑化铟（InSb）探测器。

光伏型探测器和光电导型探测器一样，也是有选择性的探测器，并具有确定的波长。

但在探测率相同的情况下，光伏型探测器的时间常数可以远小于光电导型探测器。

B　热电探测器

热电探测是利用某些材料吸收红外辐射后，由于温度变化，而引起这些材料物理性能发生变化而制成的。常用的热电探测器有以下几种：

（1）热敏电阻红外探测器：热敏电阻红外探测器对于从 X 射线到微波波段都相适应，因此它是一种无选择性探测器，可以在室温环境中工作。它是根据物体受热后电阻会发生变化这一特性制成的红外探测器。因此其工作原理与光电探测器不同。这种探测器的时间常数大，一般在毫秒级，所以只适用于响应速度不高的场合。

（2）热释电探测器：这是一种新型探测器，它是利用某些材料的热释电效应制成的。这种效应是指一些铁电材料吸收外辐射后，温度升高，表面电荷发生明显变化，从而实现对红外辐射的探测。这种材料有一个重要的特性，即在它的表面电荷的多少与其本身的温度有关。通常，温度升高表面电荷减少，利用这个效应，可以制成红外探测器。

常用的制作热释电红外探测器的材料有硫酸三甘肽、一氧化物单晶、锆钛酸铅及以它为基础掺杂改性的陶瓷材料和聚合物等。一般将热释电材料制成薄片，作为红外探测器的敏感元件。当探测器接收红外辐射时，热释电材料被加热，温度上升，表面的电荷将发生变化。这些变化通过电极引出，即为输出电压信号。

热释电材料作为探测器时有一个特殊的问题，当热释电材料被稳定不变的红外辐射照射时，其稳定升高到一定数值后，也将稳定不变，此时热释电材料表面的电荷也不再变化，且相应的输出电压信号为零。即采用热释电材料制作的红外探测器，在稳定的红外辐射时将无信号输出。所以必须将热射的红外辐射进行载光调制，使其产生周期性变化，以保证探测器的输出稳定。

8.2.3　红外无损检测方法

将热量注入工件表面，其扩散进入工件内部的速度及分布情况由工件内部性质决定。另外，材料、装备及工程结构件等在运行中的热状态是反映其运行状态的一个重要方面。热状态的变化和异常，往往是确定被测对象的实际工作状态和判断其可靠性的重要依据。红外检测按其检测方式分为主动式和被动式两类。前者是在人工加热工件的同时或加热后经过延迟扫描记录和观察工件表面的温度分布，适用于静态件检测；后者是利用工件自身的温度不同于周围环境的温度，在两者的热交换过程中显示工件内部的缺陷，适用于运行中设备的质量控制。

红外检测的基本原理是，如果被检物体存在不连续性时，将会导致物体的热传导性改变，进而反映在物体表面的温度差别，即物体表面的局部区域产生温度梯度，导致物体表面红外辐射能力发生差异，利用显示器将其显示出来，进而推断出物体内部是否存在缺陷。一般有两种：

（1）有源红外检测法（主动红外检测法）：利用外部热源向被检工件注入热量，再借助检测设备测得工件各处热辐射分布来判定内部缺陷的方法。

（2）无源红外检测法（被动红外检测法）：利用工件本身热辐射的一种测量方法，无任何外加热源。

8.2.4 红外无损检测仪器

8.2.4.1 红外测温仪

A 特点

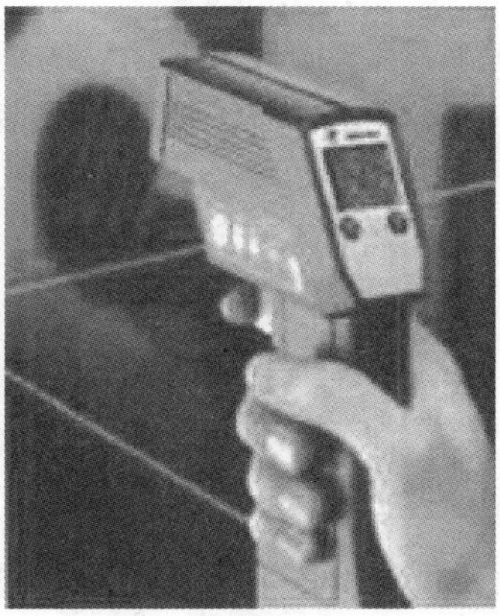

红外测温仪（见图 8-19）是用来测量设备、结构、工件等表面的某一局部区域的平均温度。通过特殊的光学系统，可以将目标区域限制在 1mm 以内甚至更小，因此有时也将其称为红外点温仪。此类红外测温仪主要是通过测定目标在某一波段内所辐射的红外辐射能量的总和，来确定目标的表面温度。这种红外测温仪的响应时间可以做到小于 1s，其测温范围可达到 0~3000℃。

B 技术参数

红外测温仪的主要技术参数有：

（1）测温范围。

（2）工作波段：指测温仪的工作波长范围，不同的测温仪其范围有较大的差别，如 0.9~1.0μm；3.5~4.0μm；8~14μm 等。

（3）分辨能力：指仪器能显示的最小可分辨的温度差值，通常为 0.5~2℃。

（4）响应时间：通常指从对准目标开始测量起，到显示稳定温度的 95% 时所需的最短时间。

（5）目标尺寸：指距测温仪光学焦点处目标的最小尺寸。

（6）距离系数：目标与测温仪的距离（大于光学系统的焦距时）与目标额定尺寸之比，称为测温仪的聚力系数。否则测量会出现误差。

（7）辐射率范围：辐射率调整范围是指红外测温仪允许设置的辐射率数值的范围，通常为 0.2~1.0。使用时必须严格调整测温仪的辐射率值，以保证测量的准确性。

C 使用要点

红外测温仪使用要点：亮度温度、辐射率的影响、仪器校正。

8.2.4.2 红外热像仪

红外热像仪（见图 8-20）的工作原理。红外测温仪所显示的是被测物体的某一局部的平均温度，而红外热像仪则显示的是一幅热图，是物体红外辐射能量密度的二维分布图。通常一幅图像由几十万或上百万个像素组成，要想将物体的热像显示在监视器上，首先需将热像分解成像素，然后通过红外探测器将其变成电信号，再经过信号综合，在监视器上成像。图像的分解一般采用光学机械扫描方法。目前高速的热像仪可以做到实时显示物体的红外热像。

红外热像仪的特点和主要参数：

（1）能显示物体的表面温度场，并以图像的形式显示，非常直观。

图 8-19 红外测温仪

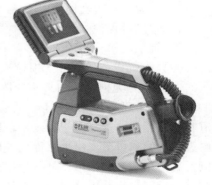

图 8-20 红外热像仪

（2）分辨力强，现代热像仪可以分辨 0.1℃，甚至更小的温差。

（3）显示方式灵活多样。

（4）能与计算机进行数据交换，便于存储和处理。

缺点：

（1）要用液氮、氖气或热电制冷，以保证其在低温下工作。

（2）光学机械扫描装置结构复杂。

8.2.4.3　红外热电视

红外热电视见图 8-21。

（1）采用电子扫描入式热电探测器的两维红外成像装置。

（2）采用电子束扫描或电荷耦合器件扫描方式。

（3）采用热电探测器，不需液氮、氩气或电制冷等。

（4）可直接用电视显示、记录或重放等。

8.2.5　红外无损检测技术的应用

（1）红外无损检测在热加工中的应用：

1）点焊焊点质量的无损检测，图 8-22 为其红外检测示意图。

图 8-21　红外热电视

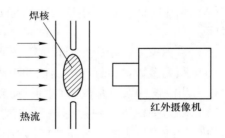

图 8-22　点焊质量红外检测示意图

2）铸模检测。

3）压力容器衬套检测。

4）焊接过程检测。

5）轴承质量检测。

（2）电气设备的红外无损检测。

（3）红外无损检测的某些特殊应用。

1）火车路轨状况的测量，在夜间，使用较久、已经破碎的道砟温度，通常比新铺设道砟的温度低。这是由于，新铺道砟间的空隙比较大，其中的空气具有隔热作用，可阻止白天获得的热量散发出去；而已破碎、陈旧道砟间的空隙比较小，无法保持更多热量，所以，温度自然要比新道砟低。根据这一特点，只要将这种红外相机安装到列车底部，列车在夜间运行时，就可对路轨状况持续进行监测，帮助人们及时发现问题，清除隐患。

2）电子产品的红外无损检测。图 8-23 为集成电路元件红外成像的情况，据此可判断其温升状况，以便及时处理，防患未然。

3）红外泄漏检测。在实际生产中，管束振动、腐蚀、疲劳、断裂等原因将导致换热器壳内或管内介质发生泄漏，从而降低产品质量和生产能力，影响生产的正常运行。换热器泄漏的发生及程度的判定，对于保证换热器安全运转、节约能源、充分发挥其传热性能及提高经济效益具有重要意义。除了可根据生产工艺参数进行工况分析外，还可以采用红外测温技术监测换热器的运行情况，及时发现其泄漏的性质和部位。

图 8-23 电子产品红外无损检测

如某化工总厂在生产过程中发现一换热器出现高温报警，遂采用热像仪进行温度测试，获得了换热器的温度分布状况。检测中发现局部温度不正常，通过分析证实了换热器壳侧的氨气已漏入了管侧的冷却水中，造成气液混合，降低了冷却效果，使出口温度不断升高。图 8-24 为利用红外检测仪观察到的水管泄漏前后的成像状况。

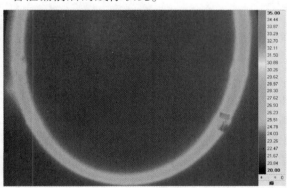
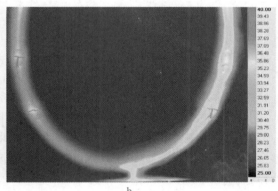

图 8-24 水管泄漏前后的红外像

a—泄漏前；b—泄漏后

8.2.6 红外无损检测技术的发展

红外理论的实际应用是从军事方面开始的。应用红外物理理论和红外技术成果对材料、装置和工程结构等进行无损检测与诊断，首先是从电力部门开始的。20 世纪 60 年代中期，瑞典国家电力局和 AGA 公司合作，对红外前视系统进行改进，用于运行中电力设备热状态的诊断，开发出了第一代工业用红外热像仪。与此同时，各种各样的用于无损检测与诊断的红外测温装置也相继出现。这些红外测温仪不仅可以进行温度测量，更重要的是可以应用于设备与构件等的热状态诊断。目前红外无损检测技术正在和计算机技术、图像处理技术相结合，以期在设备、结构等的无损检测中发挥更大的作用。

8.3 激光全息照相检测

1947 年，伦敦理工学院的伽伯教授（Gabor）发明一种立体摄影技术，能够记录景物反射光的振幅和相位，成为全息摄影技术。图 8-25 为某汽车的全息照片，附图为普通照片。

8.3.1　激光全息检测的特点与原理

8.3.1.1　激光全息技术的基本原理

激光全息检测是利用激光全息照相来检测物体表面和内部缺陷的。因为物体在受到外界载荷作用下会产生变形，这种变形与物体是否含有缺陷直接相关。在不同的外界载荷作用下，物体表面变形的程度是不相同的。激光全息照相是将物体表面和内部的缺陷通过外界加载的方法，使其在相应的物体表面造成局部的变形，用全息照相来观察和比较这种变形，并记录下不同外界载荷作用下的物体表面的变形情况，进行观察和分析，然后判断物体内部是否存在缺陷。

图 8-25　汽车的全息投影成像

为了了解这种检测方法的原理，首先简单介绍光的干涉现象。根据电磁波理论，表示光波中电场的波动方程为：

$$E = A_0 cos\omega t \tag{8-12}$$

式中，A_0 为光波的振幅；ω 为角频率；t 为时间。

根据波的叠加原理，假设有两个波长相同、相位也相同的光波相叠加，叠加后所合成的光波振幅将会增强，如图 8-26a 所示；如果两个光波相位相反，则合成的光波的振幅就会相互抵消而减弱，如图 8-26b 所示。把光波在空间叠加而形成明暗相间的稳定分布的现象叫做光的干涉。

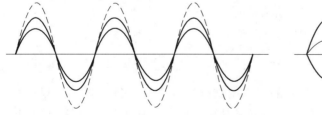

a　　　　　　　　　　　　　　　　　b

图 8-26　光波的叠加

a—相位相同；b—相位相反

能产生干涉的光波须满足下列条件：

（1）两束光频率相同，且有相同的振动方向和固定的相位差。

（2）两束光波在相遇处所产生的振幅差不应太大，否则与单一光波在该处的振幅没有多大的差别，因此也没有明显的干涉现象。

（3）两束光波在相遇处的光程差，即两束光波传播到该处的距离差值不能太大。

图 8-27a 为激光全息照相的光路图，由激光器产生的一束光经分束镜（或分光器）分成两列频率相同的光束，一列通过扩束镜直接打到试样上（或物体），再映射到胶片上，

另一束则通过反射镜改变光束的传播路径后再通过扩束镜反射到胶片上，这样就在胶片上形成干涉光束。从而得到全息照片。图 8-27b 就是蜂窝结构板脱黏区的全息再现干涉条纹像。

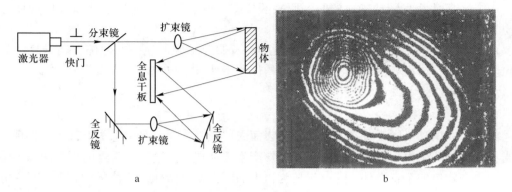

图 8-27　激光全息照相光路及结果显示图

a—激光全息照相检测原理图；b—蜂窝结构板脱粘区的全息再现干涉条纹

8.3.1.2　激光全息检测的特点

（1）检测灵敏度高，基于干涉计量技术，其干涉计量的精度与波长同数量级。

（2）一次检测面积大，激光相干长度大，只要激光能够充分照射到的物体表面，都能一次检验完毕。

（3）对被检对象没有特殊要求，可以对任何材料、任意粗糙的表面进行检测。

（4）便于对缺陷进行定量分析，可借助于干涉条纹的数量和分布状况来确定缺陷的大小、部位和深度。

8.3.2　激光全息检测方法

8.3.2.1　物体表面微差位移的观察方法

激光全息照相用于产品的无损检测，采用的是全息干涉计量术，它是激光全息照相与干涉计量技术的综合。

该技术的依据是物体内部的缺陷在外力作用下，使它所对应的物体表面产生与其周围不相同的微差位移。然后，用激光全息照相的方法进行比较，从而检测物体内部的缺陷。

观察物体表面微差位移的方法主要由以下几种：实时法、两次曝光法、时间平均法。

A　实时法

先拍摄物体在不受力时的全息图，冲洗处理后，把全息图精确地放回到原来拍摄的位置上，并用与拍摄全息图时同样的参考光照射，则全息图就会再现出物体三维立体像（物体的虚像），再现的虚像完全重合在物体上。这时对物体加载，物体的表面会产生变形，受载后的物体表面光波和再现的物体虚像之间就形成了微量的光程差。由于两个光波都是相干光波（来自同一个激光源），并几乎存在于空间的同一位置，因此，这两个光波叠加就会产生干涉条纹。

由于物体的初始状态（再现的虚像）和物体加载状态之间的干涉度量比较是在观察

时完成的，因此称这种方法为实时法。这种方法的优点是只需要用两张全息图就能观察到各种不同加载情况下的物体表面状态，从而判断出物体内部是否含有缺陷。因此，这种方法既经济，又能迅速而确切地确定出物体所需加载量的大小。其缺点是：

（1）为了将全息图精确地放回到原来的位置，就需要有一套附加机构，以便使全息图位置的移动不超过几个光波的波长。

（2）由于全息干版在冲洗过程中乳胶层不可避免地要产生一些收缩，当全息图放回原位时，虽然物体没有变形，但仍有少量的位移干涉条纹出现。

（3）显示的干涉条纹图样不能长久保留。

B　两次曝光法

将物体在两种不同受载情况下的物体表面光波摄制在同一张全息图上，然后再现这两个光波，而这两个再现光波叠加时仍然能够产生干涉现象。这时所看到的再现图像，除了显示出原来物体的全息像外，还产生较为粗大的干涉条纹图样。这种条纹表现在观察方向上的等位移线，两条相邻条纹之间的位移差相当于再现光波的半个波长，若用氦—氖激光器作光源，则每条条纹代表大约 0.316μm 的表面位移。可以从这种干涉条纹图样的形状和分布来判断物体内部是否有缺陷。

C　时间平均法

时间平均法是在物体振动时摄制的全息图。在摄制时所需的曝光时间要比物体振动循环的一个周期长得多，即在整个曝光时间内，物体要能够进行多个周期的振动。但由于物体是作正弦式周期性振动，因此将把大部分时间消耗在振动的两个端点上。所以，全息图上所记录的状态实际上是物体在振动的两个端点状态的叠加，当再现全息图时，这两个端点状态的像就相干涉而产生干涉条纹，从干涉条纹图样的形状和分布来判断物体内部是否有缺陷。

这种方法显示的缺陷图案比较清晰，但为了使物体产生振动就需要有一套激励装置。而且，由于物体内部的缺陷大小和深度不一，其激励频率应各不相同，所以要求激励源的频带要宽，频率要连续可调，其输出功率大小也有一定的要求。同时，还要根据不同产品对象选择合适的换能器来激励物体。

8.3.2.2　激光全息检测的加载方法

用激光全息照相来检测物体内部缺陷的实质是比较物体在不同受载情况下的表面光波、因此需要对物体施加载荷。常用的加载方式有以下几种。

（1）内部充气法。对于蜂窝结构（有孔蜂窝）、轮胎、压力容器、管道等产品，可以用内部充气法加载。蜂窝结构内部充气后，蒙皮在气体的作用下向外鼓起。脱胶处的蒙皮在气压作用下向外鼓起的量比周围大，形成脱胶处相对于周围蒙皮有一个微小变形。

（2）表面真空法。对于无法采用内部充气的结构，如不连通蜂窝、叠层结构、钣金胶结结构等，可以在外表面抽真空加载，造成缺陷处表皮的内外压力差，从而引起缺陷处表皮变形。

（3）热加载法。这种方法是对物体施加一个适当温度的热脉冲，物体因受热而变形，内部有缺陷时，由于传热较慢，该局部区域比缺陷周围的温度要高。因此，造成该处的变形量相应也较大，从而形成缺陷处相对于周围的表面变形有了一个微差位移。

8.3.3 激光全息检测的应用

（1）蜂窝结构检测。蜂窝夹层结构的检测可以采用内部充气、加热以及表面真空的加载方法。例如飞机机翼，采用两次曝光和实时检测方法都能检测出脱粘、失稳等缺陷。当蒙皮厚度为 0.3mm 时，可检测出直径为 5mm 的缺陷。采用激光全息照相方法检测蜂窝夹层结构，具有良好的重复性、再现性和灵敏度。

（2）复合材料检测。以硼或碳高强度纤维本身粘接以及粘接到其他金属基片上的复合材料，是近年来极受人们重视的一种新材料。它比目前采用的均一材料更具有强度高等优点，是宇航工业中很有应用前途的一种结构材料。但这种材料在制造和使用过程中会出现纤维内部、纤维层之间以及纤维层与基片之间脱粘或开裂，使得材料的刚度下降。当脱粘或裂缝增加到一定量时，结构的刚度将大大降低甚至导致损坏。全息照相可以检测出材料的这种缺陷。

（3）胶接结构检测。在固体火箭发动机的外壳、绝热层、包覆层及推进剂药柱各界面之间要求无脱粘缺陷。目前多采用 X 射线检测产品的气泡、夹杂物等缺陷，而对于脱粘检测却难于检查。超声波检测因其探头需要采用耦合剂，而且在曲率较大的部位或棱角处无法接触而形成"死区"，限制了它的应用。利用全息照相检测能有效地克服上述两种检测方法的缺点。

（4）药柱质量检测。激光全息照相也可以用来检测药柱内部的气孔和裂纹。通过加载使药柱在对应气孔或裂纹的表面产生变形，当变形量达到激光器光波波长的 1/4 时，就可使干涉条纹图样发生畸变。如图 8-28 所示，利用全息照相检测药柱不但简便、快速、经济，而且在检测界面没有黏结力的缺陷方面，有其独特的优越性。

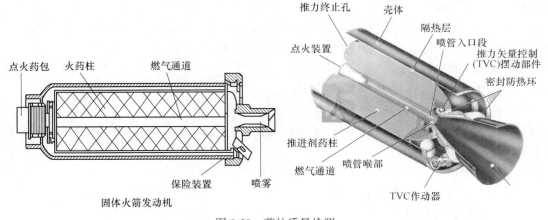

图 8-28　药柱质量检测

（5）印制电路板焊点检测。由于印制电路板焊点的特点，一般采用热加载方法。有缺陷的焊点，其干涉条纹与正常焊点有明显的区别。为了适应快速自动检测的要求，可采用计算机图像处理技术对全息干涉图像进行处理和识别，通过分析条纹的形成等判断焊点的质量，由计算机控制程序完成整个检测过程。

（6）压力容器检测。小型压力容器大多数采用高强度合金钢制造。由于高强度钢材的焊接工艺难于掌握，焊缝和母材往往容易形成裂纹缺陷，加之容器本身大都需要开孔接管和支撑，存在着应力集中的部位，工作条件又较苛刻，如高温高压、低温高压、介质腐蚀等都促使容器易于产生疲劳裂纹。疲劳裂纹在交变载荷的作用下不断扩展，最终会使容器泄漏或破损，给安全生产带来威胁。传统的检验方法是采用磁粉检验、射线检验和超声波检验，或者采用高压破损检验，但检测速度较慢，难于取得圆满的效果。

采用激光全息照相打水压加载法，能够检测出 3mm 厚的不锈钢容器的环状裂纹，裂纹的宽度为 5mm、深度为 1.5mm 左右。图 8-29 为一压力容器的激光全息检测的照片。用激光全息方法还可以评价焊接结构中的缺陷和结构设计中的不合理现象等。

图 8-29 压力容器激光全息检测照片
a—合格产品；b—不合格产品

8.4 微波无损检测

8.4.1 微波的性质及特点

8.4.1.1 微波的性质

微波是一种电磁波，它的波长很短且频率很高。频率范围：300MHz～300GHz；相应的波长：1m～1mm。

主要波段：P（米波），L（22cm），S（10cm），C（5cm），X（3cm），K（2cm），Q（8mm），V（4mm）并可划分为分米波、厘米波和毫米波。

在微波无损检测中，常用 X 波段（8.2～12.5GHz）；K 波段（26.5～40GHz）；W 波段（56～100GHz）。

8.4.1.2 微波的特点

微波是波长为 1m～1mm 的电磁波，既具有电磁波的性质，又不同于普通无线电波和光波。

（1）定向辐射。

（2）遇到各种障碍物易于反射。

（3）绕射能力较差。

（4）传输特性良好，传输过程中受烟、火焰、灰尘、强光等的影响很小。

（5）介质对微波的吸收与介质的介电常数成比例，水对微波的吸收作用最强。微波不能穿透金属或导电性能较好的复合材料。

8.4.2 微波的产生与传输

微波产生和传输是利用微波振荡器与微波天线。

微波振荡器是产生微波的装置。由于微波很短，频率很高（300MHz～300GHz），要求振荡回路具有非常微小的电感与电容，故不能用普通电子管与晶体管构成微波振荡器。构成微波振荡器的器件有速调管、磁控管或某些固体元件。小型微波振荡器也可以采用体效应管。

磁控管实质上是一个置于恒定磁场中的二极管。管内电子在相互垂直的恒定磁场和恒定电场的控制下，与高频电磁场发生相互作用，把从恒定电场中获得能量转变成微波能量，从而达到产生微波，如图 8-30 所示。

速调管在结构上包括以下几部分，电子枪、谐振腔、调谐系统、各腔之间的漂移管、能量耦合器、收集极和聚焦系统，结构如图 8-31 所示。

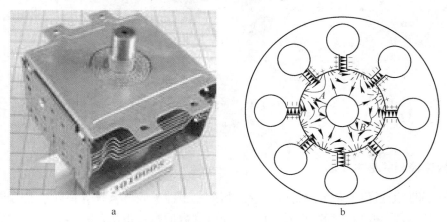

a　　　　　　　　b

图 8-30　磁控管和工作时磁控管中的电流路径

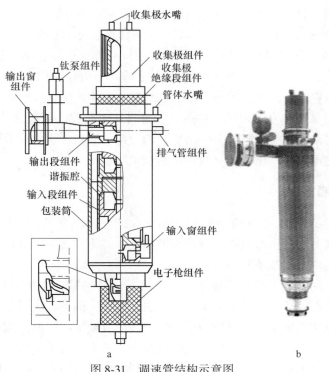

a　　　　　　　　b

图 8-31　调速管结构示意图

a—结构图；b—实物图

由微波振荡器产生的振荡信号需要用波导管（波长在 10cm 以上可用同轴线）传输，并通过天线发射出去。为了使发射的微波具有尖锐的方向性，天线具有特殊的结构。常用的天线有喇叭形天线、抛物面天线、介质天线与隙缝天线等，如图 8-32 所示。

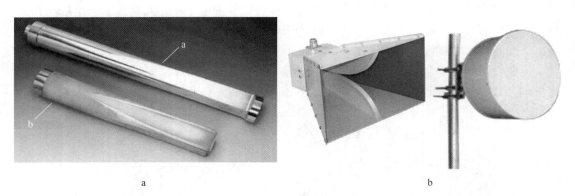

图 8-32　微波传输用
a—波导管；b—微波天线

8.4.3　微波检测的基本原理

微波检测是通过研究微波反射、透射、衍射、干涉、腔体微扰等物理特性的改变，以及微波作用于被检测材料时的电磁特性——介电常数的损耗正切角的相对变化，通过测量微波基本参数如微波幅度、频率、相位的变化，来判断被测材料或物体内部是否存在缺陷以及测定其他物理参数。微波从表面透入材料内部，功率随透入的距离以指数形式衰减。理论上把功率衰减到只有表面处的 $1/e^2 = 13.6\%$ 的深度，称为穿透深度。

微波 NDT 是综合研究微波与物质的相互作用，一方面微波在不连续界面处会产生反射、散射、透射，另一方面，微波还能与被检材料产生相互作用（产生取向极化、原子极化、电子极化、空间电荷极化等），此时微波场（振幅、频率、相位）会受到材料中两个电磁参数（介电常数和介电损耗正切角）和材料几何参数（材料形状、尺寸）的影响。众所周知，材料电磁参数是材料组分、结构、均匀性、取向、含水量等因素的函数，因此根据微波场的变化可以推断出被检材料内部的质量状态。

8.4.4　微波的检测方法

由发射天线发出微波，遇到被测物时将被吸收或反射，使功率发生变化，若利用接收天线，接收通过被测物或由被测物反射回来的微波，并将它转化成电信号，再由测量电路测量和指示，就实现了微波检测。

微波无损检测的方法主要有穿透法、散射法、反射法等。如图 8-33 所示，把微波发射器和接收器放置在被检工件两侧的称为穿透法，放在一侧的称为反射法。散射法则是通过测试回波强度变化来确定散射特性。检测时微波经有缺陷部位时被散射，因而使被接收到的微波信号比无缺陷部位要小，根据这些特性来判断工件内部是否存在缺陷。其他还有干涉法、微波全息技术和断层成像法等。图 8-34 为微波检测装置示意图。

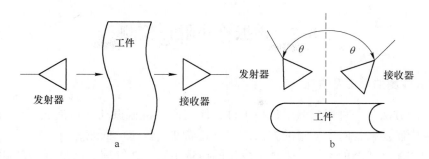

图 8-33　微波检测方法示意图

a—透射法；b—反射法

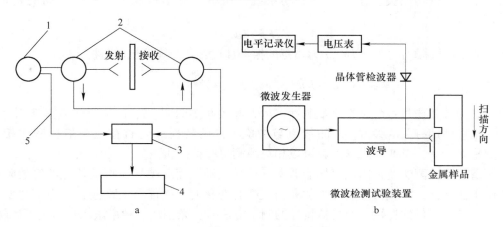

图 8-34　微波检测装置示意图

a—透射；b—反射

1—微波信号发生器；2—环行器；3—相位计；4—厚度指示计；5—定向耦合器

8.4.5　微波检测技术的应用

微波检测作为常规无损检测方法的补充，它适用于检测增强塑料、陶瓷、树脂、玻璃、橡胶、木材以及各种复合材料等，也适于检测各种胶接结构和蜂窝结构件中的分层、脱黏、金属加工工件表面粗糙度、裂纹等。以评价材料结构完整性为主要用途的新型微波检测仪，可用于检测玻璃钢的分层、脱黏、气孔、夹杂物和裂纹等。它是由发射、接收和信号处理三部分组成的，收发传感器共用一个喇叭天线。使用时根据参考标准调整探头，使检波器输出趋于零；当探头扫描到有分层部位时，反射波的幅度和相位随之改变，检波器则有输出。

应用比较成功的例子有：

（1）用微波扫频反射计检测胶接结构件火箭用烧蚀喷管；

（2）检测玻璃纤维增强塑料与橡胶包覆层之间的缺陷；

（3）可用微波检测仪检查雷达天线罩、火箭发动机壳体等工件的内在质量。

8.5 声振（声阻）检测

8.5.1 声振检测的原理及方法

声振检测方法是一种通过激励被检工件，使其产生机械振动（声波），并从机械振动的测定结果中制定被检对象质量的方法。特点是简便、快速、低廉。

一个物体振动状态的不同，表现为发出的声音不同，在物理上这是由于它们振动的幅度、频率、持续时间以及单一振动或复合振动等的不同造成的。这些物理量与振动物体的材料、结构等密切相关。作为一个振动系统，在单一频率情况下，机械振动的基本方程为：

$$F = Zu \tag{8-13}$$

式中，F 为机械振动的驱动力；u 为质点的振动速度；Z 为等效机械阻抗。

$$Z = j\omega M + \frac{i}{j\omega C} + R = jX + R \tag{8-14}$$

式中，M 为等效质量；C 为等效柔顺性；R 为等效摩擦阻尼；i，j，ω 为与振动频率、相位、振幅、周期有关的参数。Z 的数值与被检工件的特性（是否存在缺陷）密切相关。通过测量 Z 或 F 一定时测量 u，就可以相对地测出胶接的质量。

所谓声振检测法就是用电声换能器激发样品振动，而反映样品振动特性的等效阻抗，反作用于换能器，构成换能器的负载。当负载有变化时，换能器的某些特性也随之变化。从而确定被检工件的特性。换能器特性的测量方法有：振幅法、频率法和相位法等。从激励方式上声振检测有敲击检测和声阻抗检测。

8.5.1.1 频率检测法（敲击检测）

当对构件施加一冲击力时，它将在其所有的振动形态下振荡，不同形态的相对强度视冲击性质和位置而定。因此，构件响应是系统所有形态自然频率和阻尼的函数。采用高速 A/D 转换或数字瞬态捕捉设备，可以将系统响应的瞬态信号以数字形式储存于计算机的内存中。存储的数据可以在检测后进行处理，获得每一种模态的对数减幅率。也可以采用快速傅里叶变换方法，将幅值-时间数据变换成幅值-频率数据（见图 8-35）。利用上述技术，可将构件

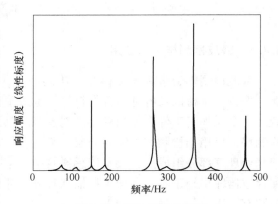

图 8-35 振动相应的频谱

受冲击所产生的响应时间记录变换成相应的频谱。这样一来，在时间域中很难分辨的被检构件的固有频率，在频谱中则很容易从其最大值中加以辨认。

整体敲击检测法（车轮敲击检测法）是最普遍、易于实施、成本最为低廉的 NDT 之一。古代的人们就已经用这种方法来判断陶器、瓷器等物品中是否存在裂纹。其主要原理是：当物件中存在较大缺陷（如裂纹、夹杂和空隙等）时，人耳所听到的由敲击产生的

声音会比较沉闷，否则声音清脆。以铁路工人用小锤检测车轮的完整性为例，操作者首先用小锤敲击车轮中的一点或多点，然后从听到的声音中判定车轮中是否存在缺陷；这里，敲击的过程就是在被检测对象中激励产生机械振动的过程；而声音以及敲击手感的获取则是检测过程中的信息采集；检测人员凭借自己的经验对获得的信息进行分析判断，得到的最终结论就属于检测过程中的特征提取及结果判断。这种以人工敲击被检测件产生振动，并用人耳所听到的声音作为判断被检测对象中是否存在缺陷的方法的优点是方便、快捷易于实现且成本低廉；缺点是严重依赖于操作人员的敲击和主观判断，易造成误判和漏判。

局部敲击检测法：又被称为硬币敲击检测或改锥把手检测。这种检测方法通常需要操作者使用小锤、改锥把手或硬币等质量较轻的物体，对被检测对象进行逐点检测。与整体敲击检测方法不同的是：由于结构材料的非刚性，所发出的声音不是整体结构的响应，而是敲击表面下，局部结构的响应，因此这种方法所得到的冲击响应与被检测对象的局部机械阻抗和弹性系数有关。局部敲击检测方法是胶接结构和复合材料结构检测中常用的一种检测方法。

局部敲击检测方法的理论和应用工作主要是由英国帝国理工的 Cawley 教授与 Bristol 大学的 Adams 教授奠定。当复合材料中存在分层等缺陷时，所对应的应力信号在时域和频域上将有如图 8-36 所示的显著区别。

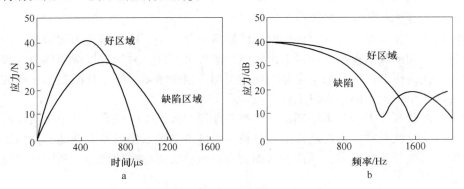

图 8-36　缺陷对应力时域和频域信号的变化曲线

a—应力的时域信号；b—应力的频域信号

8.5.1.2　局部激振法

局部激振法是对被测结构的一点或多点施加激励，使其发生振动，并对所有预测的各点测量其结构的局部性能。

（1）单点激振。

振动热图法：适用于热扩散率低的工件。

振幅测量法：适用于蜂窝壁板中蒙皮与芯脱黏的检测。

（2）多点激振。在每一被测点施加激励，并在同一点上测量输入力或振动的响应，可用来测量胶接结构的脱黏、分层和叠层构件的气孔以及有缺陷的蜂窝结构。

（3）声阻法。声阻法是利用测量结构件被测点振动力阻抗的变化来确定是否有异常的结构件存在。测量在单一振动频率下进行，常用的频率在 $1 \sim 10 \mathrm{kHz}$ 之间。

声阻法又可分为双片（双晶）声阻法和单片（单晶）声阻法。

双片声阻法称为声阻抗法，它是利用由两个压电晶片组成的检测器（一个晶片激振，另一个接收信号），以点源形式激发样品作弯曲振动，并将样品振动的力阻抗通过触头转移为检测器的负载，通过对检测器特性的测量，来检测样品力阻抗的变化，达到检验目的。

单片声阻法：采用一个晶片激振和接收返回信号，如图 8-37 所示。主要用来检测黏结质量。声阻检测选用的换能器由发射压电晶片，接受压电晶片构成，当换能器在自由空间未与被检件接触时，接收晶片和发射晶片的刚性连接使得它们的运动保持一致，接收晶片上无应变存在，因此无信号输出，当换能器置于被检件表面实施检测时，换能器的触头与被检件耦合，接收晶片的下表面受阻，形成应变，从而产生输入，利用专门的仪器接收并显示接收晶片所得到的信号幅值及相位信息，从而判断被检件在该点是否存在缺陷。

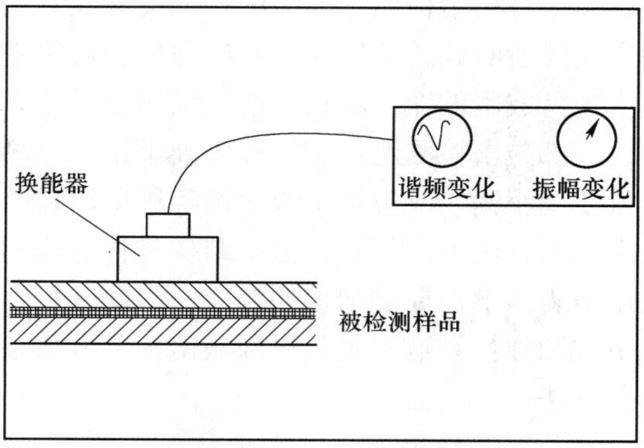

图 8-37 单片声阻法检测

8.5.1.3 扫描声振检测技术

声谐振检测技术是复合材料构件常用的质量检测方法。声谐振技术实质上是声阻抗的一种特例。它们的共同点是：通过电声换能器激发被测件，并测试以被测件为负载的换能器的阻抗特性。声谐振检测通常可分为两种类型，以频率随时间变化的扫频连续波入射工件和以可调的单一频率的波入射工件。

扫描声振检测技术的基本原理是，检测换能器与被检工件耦合，并用比换能器自然频率低的扫频连续波激励。当此连续波通过被检工件的基频谐振或谐波振动，换能器所承受的载荷要比其他频率大得多，载荷的增加会引起激励交流电流的增加。利用这一现象即可测量谐振频率。

8.5.2 声振检测的应用

8.5.2.1 蜂窝结构检测

蜂窝结构具有较高的比强度，在导弹、火箭和卫星上得到了广泛的应用，如火箭和卫星的玻璃钢蜂窝整流罩、铝蜂窝仪、艚舱等。由于蜂窝结构件成型工艺复杂，脱黏缺陷是不可避免的。

检测时，探头激发产生的声波进入被测试件，并使被测点基材振动，接收部分将根据接收信号相位和幅度的差别，即结构所承受谐振力后产生的机械阻抗变化来判断被测件的质量。黏结质量的变化使得阻抗柔顺系数产生很大的变化。通过和标准试样进行对比，结果是在某个频率点上，黏结良好区的相位和幅度与缺陷处有较大的差别，它取决于脱黏的尺寸和蒙皮的厚度。通过机械阻抗分析法，能够检测出单层或多层面板的蜂窝胶结结构中黏结层之间的黏结缺陷。

采用上述方法，可以检测出 0.5mm+H+0.5mm 的铝面板+铝蜂窝（H 代表蜂窝夹心）结构中 10mm 的脱黏缺陷和 0.6mm+H+0.7mm 的铝面板+玻璃钢蜂窝结构中 5mm 的缺陷。

这种方法在使用时无须液体耦合，不污染产品，可对曲面和微小点进行测试，有较小的接触点和使用灵活性，适用于形状不规则或弯曲的表面。通过在探头顶端加载弹簧或接触压力并配合 CT 扫描系统，可实现连续式机械扫描，特别适合于检测形状复杂的大型蜂窝结构件，可提高检测效率。

8.5.2.2 复合材料检测

图 8-38 是采用脉冲激励方法，在激光脉冲传播至构件时取几微秒间隔的视图组成全息图，它是以强化高分子复合材料为面板的蜂窝壁板的检测结果，其中含有两个缺陷。

声振法在国外航空制造工业中得到了广泛的应用，它可检测出复合材料层合板中一层或几层与基层的分离，这种形式的局部缺陷对构件整体动态特性的影响很小，但构件局部刚度的下降是很显著的。

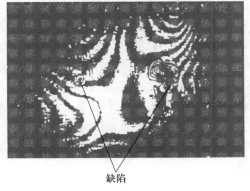

图 8-38 蜂窝壁板检测结果

8.5.2.3 胶结强度检测

胶结强度检测的应用并不限于复合材料层复合板结构，它们能提供树脂结合构件的质量信息。例如，金属板-板（单胶缝）可以检测出内聚黏结质量、腐蚀、黏合与脱黏等情况。图 8-39 和图 8-40 为检测沥青路面的装置和结果图。

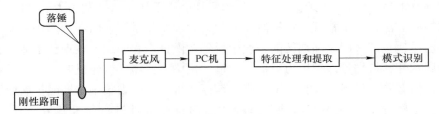

图 8-39 落锤敲击检测过程图

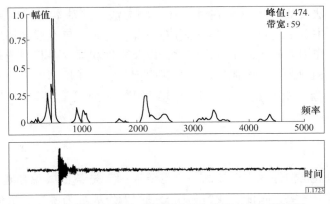

图 8-40 傅里叶变换后的落锤敲击声音时域和频域图

8.5.3 声振检测的研究进展

21 世纪初，人们迎来了又一次声振检测的研究热潮。卡梅隆大学的 Wu Huadong 等人就设计了一种试验方案，分别采集小锤锤击所产生的加速度信号、音频信号以及在复合材料表面所产生的应力信号，并用计算机对这些信号进行简单处理。爱荷华州立大学 Peters 等人则在 RD3（被检测材料因敲击而反作用于锤子的反作用力持续时间：当被检对象完好时，持续时间较短；反之，反作用力的时间将加长）的基础上，发展了一种用于波音飞机复合材料快速检测和扫描的成像系统 CATT。2003 年，印度的 Srivatsan 等人对复合材料敲击的数据进行声音采集，并运用神经网络方法进行处理，获得了一定的效果。

在国内，也有部分学者对这种检测方法进行过研究。哈尔滨工业大学的冷劲松等人就在 20 世纪 90 年代中运用 Cawley 等人的方法对配橡胶内侧复合材料板壳进行敲击检测，从应力的时域信号以及频域信号中分辨出不同层的脱粘缺陷。2007 年南京航空航天大学的闫晓东在其硕士论文中描述了一种运用敲击检测方法对飞机复合材料结构检测的智能敲击系统。除航空航天领域的复合材料外，建筑物/体也是局部振动检测方法的一个重要应用领域。值得一提的是，也有人将这一方法用于医疗领域以判断胎儿的肺部发育是否完好。

8.6　金属磁记忆检测

1997 年在美国旧金山举行的第五十届国际焊接学术会议上，俄罗斯科学家提出金属应力集中区-金属微观变化-磁记忆效应相关学说，并形成一套全新的金属诊断技术——金属磁记忆（MMM）技术，该理论立即得到国际社会的承认。这一被誉为 21 世纪无损检测新技术的检测方法，是集常规无损检测、断裂力学和金相学诸多潜在功能于一身的崭新诊断技术，已迅速在许多国家和地区的企业中得到广泛推广和应用。在现代工业中，大量的铁磁性金属构件，特别是锅炉压力容器、管道、桥梁、铁路、汽轮机叶片、转子和重要焊接部件等，随着服役时间的延长，不可避免地存在着由于应力集中和缺陷扩展而引发事故的危险性。金属磁记忆检测方法便是迄今为止对这些部件进行早期诊断的唯一可行的办法。

金属磁记忆方法（MMM）是一种非破坏检测方法，其基本原理是记录和分析产生在制件和设备应力集中区中的自有漏磁场的分布情况。这时，自有漏磁场反映着磁化强度朝着工作载荷主应力作用方向上的不可逆变化，以及零件和焊缝在其制造和在地球磁场中冷却后，其金属组织和制造工艺的遗传性。金属磁记忆方法在检测中，使用的是天然磁化强度，和制件及设备金属中对实际变形和金属组织变化的以金属磁记忆形式表现出来的后果。

8.6.1　磁记忆效应

机械零部件和金属构件发生损坏的一个重要原因，是各种微观和宏观机械应力集中。在零部件的应力集中区域，腐蚀、疲劳和蠕变过程的发展最为激烈。机械应力与铁磁材料的自磁化现象和残磁状况有直接的联系，在地磁作用的条件下，用铁磁材料制成的机械零件的缺陷处会产生磁导率减小，工件表面的漏磁场增大的现象，铁磁性材料的这一特性称为磁机械效应。磁机械效应的存在使铁磁性金属工件的表面磁场增强，同时，这一增强了的磁场"记忆"着部件的缺陷和应力集中的位置，这就是磁记忆效应。

8.6.2　检测原理

　　工程部件由于疲劳和蠕变而产生的裂纹会在缺陷处出现应力集中，由于铁磁性金属部件存在磁机械效应，故其表面上的磁场分布与部件应力载荷有一定的对应关系，因此可通过检测部件表面的磁场分布状况间接地对部件缺陷或应力集中位置进行诊断，这就是磁记忆效应检测的基本原理。实验研究结果表明，铁磁性部件缺陷或应力集中区域磁场的切向分量 $H_p(x)$ 具有最大值，法向分量 $H_p(y)$ 改变符号且具有零值。故在实际应用中，可通过检测法向分量 $H_p(y)$ 来完成对部件上是否存在缺陷（或应力集中区域）的检测，如图8-41 所示。采用金属磁记忆方法检测某板焊缝处的漏磁场强度分布曲线如图8-42 所示，可以看出在距表面 30~40mm 间存在应力集中或缺陷。

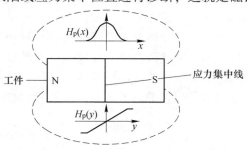

图 8-41　磁记忆检测原理图

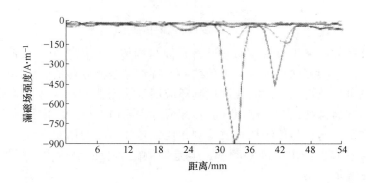

图 8-42　某板焊缝处的漏磁场强度分布曲线

8.6.3　磁记忆检测特点

　　（1）对受检物件不要求任何准备（清理表面等），不要求做人工磁化，因为它利用的是工件制造和使用过程中形成的天然磁化强度；

　　（2）金属磁记忆法不仅能检测正在运行的设备，也能检测修理的设备；

　　（3）金属磁记忆方法，唯一能以 1mm 精度确定设备应力集中区的方法；

　　（4）金属磁记忆检测使用便携式仪表，独立的供电单元，记录装置，微处理器和 4MB 容量的记忆体；

　　（5）对机械制造零件，金属磁记忆法能保证百分之百的品质检测和生产线上分选；

　　（6）不能对缺陷的形状、大小和性质进行定量、定性的具体分析，和传统无损检测方法配合能提高检测效率和精度。

8.7 超声导波检测

当超声波在板中传播时，将会在板界面来回反射，产生复杂的波形转换以及相互干涉。这种经介质边界制导传播的超声波称为超声导波。因为导波沿其边界传播，所以，结构的几何边界条件对导波的传播特性有很大的影响。与传统的超声波检测技术不同，传统的超声波检测是以恒定的声速传播，但导波速度因频率和结构几何形状的不同而有很大的变化，即具有频散特性。在同一频率激励下，导波也存在多种不同的波型和阶次。在板状结构中，导波以 2 种不同的波型传播，分别是：对称（S）和非对称（A）的纵波（也称Lamb 波），以及剪切波（SH），如图 8-43 所示。

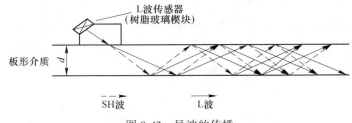

图 8-43 导波的传播

超声导波这种方法采用机械应力波沿着延伸结构传播，传播距离长而衰减小。目前，导波检测广泛应用于检测和扫查大量工程结构，特别是全世界各地的金属管道检验。有时单一的位置检测可达数百米。同时导波检测还应用于检测铁轨、棒材和金属平板结构。

尽管导波检测通常被认为是超声导波检测或远程超声波检测，但是从根本上它与传统的超声波检测并不相同；与传统超声波检测相比，导波检测使用非常低频的超声波，通常在 10～100kHz。有时也使用更高的频率，但是探测距离会明显减少。另外，导波的物理原理比体积型波更加复杂。

与传统的超声波不同；有多种导波模式用于管道几何学，通常归类为三组，分别是扭转模式、纵向模式和弯曲模式，如图 8-44所示。这些波型模式的声学性能是管道几何学、材料和频率的函数。扭转波模式是最常使用的，纵向模式的使用有所限制。

管道的导波测试，低频率传感器阵列覆盖管道的整个圆周，产生的轴向均匀的波沿着管道上的传感器阵列的前后方向传播，如图 8-45 所示。在管道横截面变化或局部变化的地方会产生回波，基于回波到达的时间，

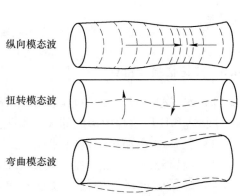

图 8-44 超声导波的三种模式

通过特定频率下导波的传播速度，能准确地计算出该回波起源与传感器阵列位置间的距离。

导波检测使用距离波幅曲线修正衰减和波幅下降来预计从某一距离反射回的横截面变化。一旦设置好距离波幅曲线，信号振幅和缺陷横截面变化能较好地关联。导波检测不能

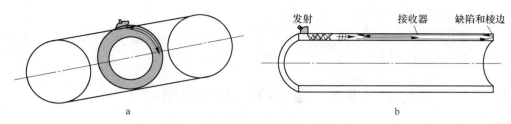

图 8-45 超声导波在管道检测中装置示意图

a—周向；b—轴向

直接地测量剩余的壁厚，但是它可以将缺陷严重程度分成几种类别。这样操作的其中一个原理是通过激发信号开启模式转换，轴对称导波模式的部分能量转换成弯曲模式。模式转换的总量可精准地预计缺陷在圆周范围的分布，再参考横截面的变化量，操作人员就可以进行严重程度分类。

导波检测的典型结果是通过 A 扫的方式显示反射波幅与传感器基阵位置的距离。现在一些先进的系统已经开始提供 C 扫的结果，可以很容易地解读每一个特征的走向，如图 8-46 所示。

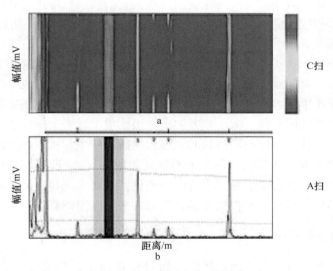

图 8-46 超声导波检测结果

A 扫（图 8-46a）和 C 扫（图 8-46b）

导波检测的优点是：

（1）长距离检验，能达到上百米的检验距离；

（2）接触受限，对保温管，能够最小限度地移除保温层；对管道支撑下的腐蚀，无须升起管道；对高空的检验，脚手架的需求能简化到最低限度；可检验穿越公路的埋地管道；

（3）数据能被完全记录；

（4）完整的自动化数据收集。

缺点是：

（1）数据的解释高度依赖于操作人员；

（2）很难发现小的点蚀缺陷；

（3）对紧挨附件的检验区域，效率不高。

8.8 超声波相控阵检测

超声相控阵技术的基本思想是来自于雷达所使用的相控阵技术。相控阵雷达是由多个辐射单元按照一定图形排成的阵列组成的。控制系统通过改变阵列天线中各单元的幅度和相位，在一定空间范围内合成灵活快速的相控雷达波束。

8.8.1 超声波相控阵检测原理

超声相控阵检测基本原理是利用指定顺序排列的线阵列或面阵列的阵元按照一定时序来激发超声脉冲信号，使超声波阵面在声场中某一点形成聚焦，以增强对声场中微小缺陷检测的灵敏度，同时，可以利用对阵列的不同激励时序在声场中形成不同空间位置的聚焦而实现较大范围的声束扫查。

应用相控阵技术，对施加于线阵探头的所有振元的激励脉冲进行相位控制，亦可以实现合成波束的扇形扫描，应用此技术实现波束扫描的 B 型超声波探伤称为高速电子扇扫即相控阵扫描 B 超仪。

超声相控阵是超声探头晶片的组合，由多个压电晶片按一定的规律分布排列，然后逐次按预先规定的延迟时间激发各个晶片，所有晶片发射的超声波形成一个整体波阵面，能有效地控制发射超声束（波阵面）的形状和方向，能实现超声波的波束扫描、偏转和聚焦。它为确定不连续性的形状、大小和方向提供出比单个或多个探头系统更大的能力。

超声相控阵检测技术使用不同形状的多阵元换能器产生和接收超声波束，通过控制换能器阵列中各阵元发射（或接收）脉冲的不同延迟时间，改变声波到达（或来自）物体内某点时的相位关系，实现焦点和声束方向的变化，从而实现超声波的波束扫描、偏转和聚焦。然后采用机械扫描和电子扫描相结合的方法来实现图像成像。

8.8.2 超声波相控阵探头

常见的超声波相控阵探头阵列几何外形如图 8-47 所示，探头参数如图 8-48 所示。探头参数主要有，频率（f）；晶片数量（n）；晶片阵列方向孔径（A）；晶片加工方向宽度（H）；单个晶片宽度（e）；两个晶片中心之间的间距（p）。

8.8.3 相控阵波束

8.8.3.1 惠更斯原理

介质中波动传播到的各点都可以看作是发射子波的波源，而在其后的任意时刻，这些子波的包络就是新的波前，如图 8-49 所示。

8.8.3.2 相控阵波束的产生与接收

常规超声探头波束角度偏转（发射）：（1）根据惠更斯原理产生超生波束；（2）通过带角楔块的延时使波束角度产生偏转，如图 8-50 所示。

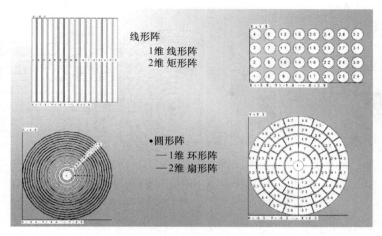

图 8-47　探头阵列示意图

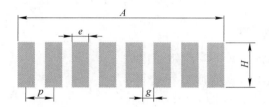

图 8-48　相控阵探头设计参数示意图

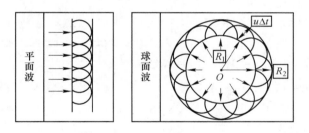

图 8-49　惠更斯原理示意图

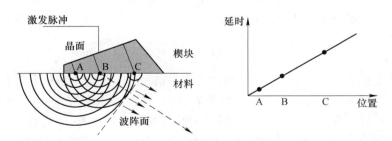

图 8-50　常规超声波束形成

相控阵波束的形成如图 8-51a 所示。相控阵探头波束偏转（发射）：

（1）根据惠更斯原理在楔块中产生超声波；

（2）发射过程中通过软件施加精确延时产生带角度波束。相控阵波束的接收如图

8-51b 所示。

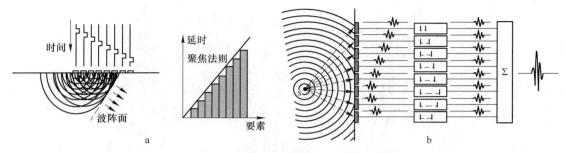

图 8-51 相控阵波束的产生与接收示意图

a—相控阵波束形成；b—相控阵波束接收

相控阵波束形成（接收）：

（1）接收过程中通过软件施加精确延时；

（2）只有符合延时法则的信号保持同相位，并在合计后产生有效信号。

8.8.4 超声波相控检测原理

如果对线阵排列的各振元不同时给予电激励，而是使施加到各振元的激励脉冲有一个等值的时间差 τ（计算如下），如图 8-51a 的相控阵扫描原理，则合成波束的波前平面与振元排列平面之间，将有一相位差 θ。

发射延时计算坐标系，见图 8-52。

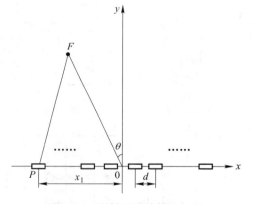

图 8-52 发射延时计算坐标系

P 点的坐标为：

$$\begin{cases} x_i = (i + 1/2)d & i = -1, -2, \cdots, -N/2 \\ x_i = (i - 1/2)d & i = 1, 2, \cdots, N/2 \end{cases}$$

$$(8-15)$$

P 点到 F 点的距离为：

$$l_{PF} = \sqrt{l^2 + (x_i)^2 - 2lx_i\sin\theta} \tag{8-16}$$

P 点到 F 相对于阵列中心点的时延为

$$\tau_i = \frac{l_{OF} - l_{PF}}{c} = \frac{1}{c}(l - \sqrt{l^2 + x_i^2 - 2lx_i\sin\theta}) \tag{8-17}$$

结果为负表示第 i 个阵元相对于阵列中心点提前发射，反之则延迟发射。

如果均匀地减少 τ 值，相位差 θ 也将随着减少。当合成波束方向移至 $\theta=0$ 时，使首末端的激励脉冲时差取反并逐渐增大，则合成波束的方向将向 $-\theta$ 增大的方向变化，如果对超声振元的激励给予适当的时间控制，就可以在一定角度范围内实现超声波束的扇形扫描。这种通过控制激励时间而实现波束方向变化的扫描方式，叫做相控阵扫描。

各相邻振元激励脉冲的等差时间 τ 与波束偏向角 θ 之间的关系由下式给出：

$$\tau = \frac{1}{c} = \frac{d}{c}\sin\theta \quad \text{或} \quad \theta = \sin^{-1}\left(\frac{c}{d}\tau\right) \tag{8-18}$$

式中，$c=5900\mathrm{m/s}$ 为超声波在工件中传播的平均速度；d 为相邻振元的中心间距。如图 8-53所示为相控阵扫描的扇形扫查截面图。

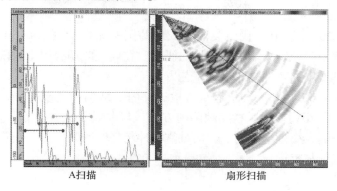

A扫描　　　　　扇形扫描

图 8-53　相控阵扫描的扇形扫查截面图

8.8.5　超声波相控阵检测应用

图 8-54 和图 8-55 分别为超声波相控阵检测的实际事例得到的图像。可以直观地看到存在的缺陷。

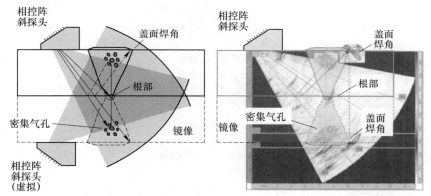

图 8-54　单面焊近表面密集气孔相控阵超声二次波检测原理和 S 扫描图像

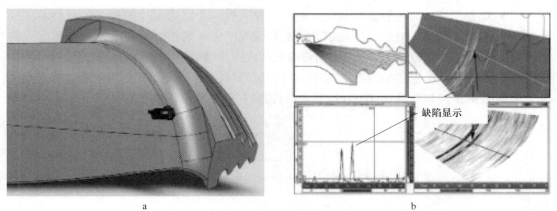

图 8-55　汽轮机叶片检测

a—探头在叶身外弧扫查位置；b—CIVA 模拟图与实际检测数据对比

8.9 TOFD 检测

TOFD 技术于 20 世纪 70 年代由英国哈威尔的国家无损检测中心 Silk 博士首先提出，其原理源于 Silk 博士对裂纹尖端衍射信号的研究。在同一时期我国中科院也检测出了裂纹尖端衍射信号，发展出一套裂纹测量的工艺方法。

衍射时差法（TOFD）是一种依靠从待检试件内部结构（主要是指缺陷）的"端角"和"端点"处得到的衍射能量来检测缺陷的方法。与常规的超声技术不同，TOFD 法不用脉冲回波幅度对缺陷大小做定量测定，而是靠脉冲传播时间来定量。超声 TOFD 法可用于材料探伤、缺陷定位和定量。

8.9.1 理论基础

衍射现象，是指波在传播过程中遇到障碍物时，在障碍物的边缘，一些波偏离直线传播而进入障碍物后面的"阴影区"的现象，如图 8-56 所示。其特点是波向各个方向传播，能量低，受入射角的影响大。

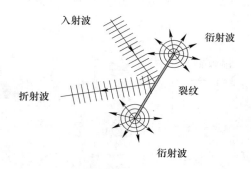

图 8-56 波的衍射现象原理图

8.9.2 检测的基本原理

图 8-57 是 TOFD 检测的基本原理，采用一发一收两个宽带窄脉冲探头进行检测，探头相对于缺陷（焊缝）中心线对称布置。发射探头产生非聚焦纵波波束以一定角度入射到被检工件中，其中部分波束沿近表面传播被接收探头接收，部分波束经底面反射后被探头接收。接收探头通过接收缺陷尖端的衍射信号及其时差来确定缺陷的位置和自身高度。

根据图 8-58 可以计算出 TOFD 检测时的传播时间 t、缺陷深度 d。

$$t = \frac{2 \cdot \sqrt{(S^2 + d^2)}}{c} + 2 \cdot t_0 \tag{8-19}$$

$$d = \sqrt{\left(\frac{c}{2}\right)^2 \cdot (t - 2t_0)^2 - S^2} \tag{8-20}$$

式中 S——两个探头之间距离的一半；

　　　d——缺陷的埋藏深度；

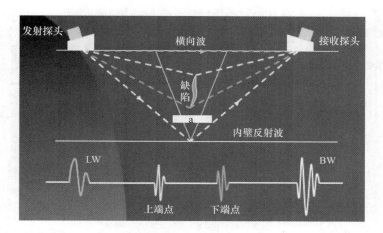

图 8-57　TOFD 检测原理图

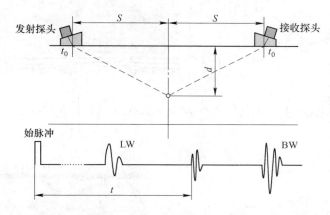

图 8-58　TOFD 检测过程示意图

c——超声波声速；

t_0——起始时间。

缺陷自身高度可以按照式 $h = d_2 - d_1$ 来计算，如图 8-59 所示。

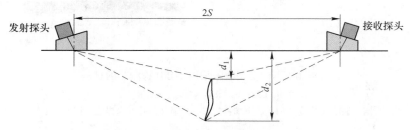

图 8-59　TOFD 检测过程缺陷高度示意图

不同类型缺陷在 TOFD 中的显示，如图 8-60 所示。

8.9.3　TOFD 检测的特点

优点：缺陷检出率比脉冲反射法要高；容易检测出方向性不好的缺陷；采用 TOFD 和

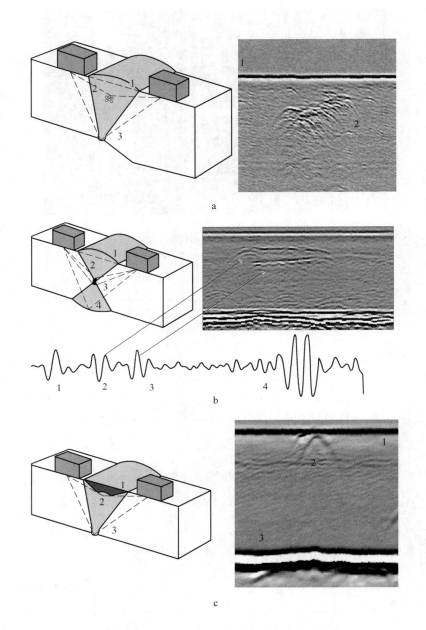

图 8-60　不同类型缺陷采用 TOFD 检测时的显示

a—焊接气孔；b—根部未焊透；c—横向裂纹

1，4—缺陷（焊接）的上、下端；2，3—缺陷（气孔或未焊透）的上、下端

脉冲反射法相结合，可以实现 100% 的焊缝覆盖；缺陷定量、定位精度高。

　　缺点：在上下表面附近存在盲区；对 "噪声" 敏感；夸大了一些良性缺陷和工件本身设计带有的孔、洞等；解释比较困难，需要一定经验支持。

习　题

一、选择题（只有一个答案是正确的）

1. 渗透剂的渗透时间是（　　　）
   a. 保持不干状态 10~15min
   b. 第一遍干燥后，再涂第二遍的时间间隔
   c. 1~2min 即可
   d. 全不对

2. 干粉显像剂污染的来源是（　　　）
   a. 零件带来的水分　　　　　　　　b. 零件带进的油污
   c. 零件上干燥的荧光液斑点　　　　d. 以上都是

3. 对工件表面预处理为什么一般不推荐采用喷砂处理（　　　）
   a. 因为可能把工件表面的缺陷开口封住　　b. 因为可能会把油污封入缺陷内
   c. 因为会使工件表面产生缺陷　　　　　　d. 因为可能将砂粒射入缺陷内

4. 由于大多数渗透探伤液中含有可燃性物质，所以在操作时应注意防火，为此必须做到
   （　　　）
   a. 现场远离火源及设置灭火器材
   b. 现场不得存放过量的探伤液及在温度过低时不能用明火加热探伤液
   c. 探伤设备应加盖密封及避免阳光直接照射
   d. 上述都是

5. 使后乳化渗透探伤失败的主要原因是（　　　）
   a. 渗透时间过长　　　　　　　　b. 显像时间过长
   c. 乳化过度　　　　　　　　　　d. 观察时间过长

6. 从被检表面去除多余的溶剂去除型渗透液时，下列哪种说法是正确的（　　　）
   a. 必须去除工件表面的渗透液，以消除有妨害的背景
   b. 一定要避免把缺陷中的渗透液去除掉
   c. 用清洗剂直接冲洗被检表面不会影响检测能力
   d. 用沾有溶剂的纱布擦拭是一种正确的清洗方法
   e. 除 c 以外都是

7. 用紫外线源及目视检查，经后乳化荧光渗透探伤的工件，发现其表面荧光背景的本底
   水平较高，说明（　　　）
   a. 渗透前预清洗不当　　　　　　　b. 渗透后清洗不足
   c. 乳化时间太短　　　　　　　　　d. 以上都是

8. 因操作不当，显像后发现被检工件表面本底水平太高而无法判伤时，应（　　　）
   a. 擦去原显像层重新进行显像　　　b. 立即再置于渗透剂中进行重新渗透
   c. 采用干式显像，重新显示　　　　d. 从预清洗开始重复渗透探伤全过程

9. 渗透液在工件被检表面的喷涂应该 （   ）

    a. 越多越好　　　　　　　　　　　　b. 保证全部覆盖

    c. 渗透时间尽可能长　　　　　　　　d. 在渗透时间内保持不干状态

    e. b 和 d

10. 用着色探伤检查过的工件通常不再用荧光探伤复验，这是因为 （   ）

    a. 显像剂残留在工件表面　　　　　　b. 两种渗透剂互不相容

    c. 大多数着色染料会使荧光熄灭　　　d. 显示难于解释

11. 渗透探伤中选择渗透剂类型的原则是什么 （   ）

    a. 高空、野外作业宜用溶剂清洗型着色渗透探伤

    b. 粗糙工件表面宜用水洗型渗透探伤

    c. 高要求工件宜用后乳化荧光渗透探伤

    d. 以上都是

12. 用后乳化渗透剂时，若在清洗过程中出现困难，可用下列何种方法克服 （   ）

    a. 重新涂一层乳化剂

    b. 增加清洗时的水压

    c. 重复全部工序，从表面清理做起，采用较长的乳化时间

    d. 将工件浸在沸水中

13. 一个机加工后的软金属工件，在做渗透检验之前用下列哪种方法可最有效地清除可能堵塞缺陷开口的金属毛刺 （   ）

    a. 浸蚀　　　　　　　　　　　　　　b. 喷丸

    c. 碱液清洗　　　　　　　　　　　　d. 用含有洗涤剂的水清洗

14. 用渗透法检验工件时，工件的温度应接近室温，如果检验时工件的温度很低，则 （   ）

    a. 渗透剂会变粘　　　　　　　　　　b. 渗透剂会很快蒸发掉

    c. 渗透剂的色泽将降低　　　　　　　d. 渗透剂会固着于工件表面上

15. 渗透检验中干燥处理的目的是 （   ）

    a. 使残余渗透剂全部蒸发

    b. 确保覆盖在潮湿乳化剂上的干显像剂均匀地干燥

    c. 缩短渗透时间

    d. 在使用湿式显像剂后，干燥处理有助于获得均匀的显像剂涂层

16. 渗透探伤法的灵敏度按逐渐减小的顺序排列为 （   ）

    a. 后乳化型荧光渗透检验法-水洗型荧光渗透检验法-溶剂去除型着色渗透检验法

    b. 溶剂去除型着色渗透检验法-后乳化型荧光渗透检验法-水洗型荧光渗透检验法

    c. 水洗型荧光渗透检验法-后乳化型荧光渗透检验法-溶剂去除型着色渗透检验法

    d. 水洗型荧光渗透检验法-溶剂去除型着色渗透检验法-后乳化型荧光渗透检验法

17. 渗透探伤前的零件清洗是 （   ）

    a. 不需要的

    b. 很重要的，因为如果零件不干净就不能正确地施加显像剂

    c. 必须，因为表面污染可能阻止渗透液渗入不连续性中

d. 为了防止产生不相关显示

18. 对涂漆表面进行渗透探伤的第一步是（　　　）

　　a. 将渗透液喷到表面上

　　b. 将漆层完全去除

　　c. 用洗涤剂彻底清洗表面

　　d. 用钢丝刷刷表面，使光滑的漆层变得粗糙

19. 下列哪种方法不是施加渗透剂的常用方法（　　　）

　　a. 擦涂　　　　　　　　　　　　　　b. 刷涂

　　c. 喷涂　　　　　　　　　　　　　　d. 浸涂

20. 去除工件表面的渗透剂时，操作的理想目标是（　　　）

　　a. 从缺陷中去除少量渗透剂并使表面上的残余量最少

　　b. 从缺陷中去除少量渗透剂并使表面上没有残余渗透剂

　　c. 不得将缺陷中的渗透剂去除并使表面上的残余渗透剂最少

　　d. 不得将缺陷中的渗透剂去除并使表面上没有残余渗透剂

21. 下面说法正确的是（　　　）

　　a. 喷砂是渗透探伤前清洗零件表面普遍采用的方法

　　b. 施加渗透液的零件应当加热

　　c. 如果干燥器温度太高，会使渗透剂效用降低

　　d. 显像时间至少应为渗透时间的两倍

22. 渗透探伤中引起灵敏度降低的是（　　　）

　　a. 用蒸汽除油法作工件处理

　　b. 用浸入法施加渗透剂

　　c. 对已经探伤过的零件重新渗透探伤

　　d. 使用后乳化型渗透剂而不使用溶剂清洗型渗透剂

23. 在下面诸渗透探伤步骤中指出正确的步骤，使用水洗型荧光渗透液、湿式显像剂（　　　）

　　a. 预处理-显像-渗透-清洗-干燥-观察

　　b. 预处理-渗透-清洗-干燥-显像-观察

　　c. 预处理-渗透-显像-清洗-干燥-观察

　　d. 预处理-渗透-清洗-显像-干燥-观察

24. 检测下述哪种缺陷需要最长的渗透时间（　　　）

　　a. 裂缝　　　　　　　　　　　　　　b. 折叠

　　c. 微缩孔　　　　　　　　　　　　　d. 疲劳裂纹

25. 现有 100 个长 2 英寸、直径 0.5 英寸的不锈钢小螺栓要求进行渗透探伤，下面哪种渗透探伤方法是合适的（　　　）

　　a. 后乳化型　　　　　　　　　　　　b. 溶剂型

　　c. 水洗型　　　　　　　　　　　　　d. 复合渗透

26. 欲检测刚经热处理的试件上的龟裂，哪种方法最适当（　　　）

　　a. 水洗型，干粉显像　　　　　　　　b. 后乳化型，湿式显像

c. 后乳化型，溶剂显像　　　　　　　　　d. 水洗型，湿式显像

27. 有一焊缝经着色渗透探伤发现打磨裂纹，但显示不够清晰，如要得到更清晰的显示应做什么改进 （　　　）

a. 改用荧光渗透法

b. 仍用着色渗透法，但渗透时间增加

c. 仍用着色渗透法，但渗透时间缩短

d. 无法改进

28. 能在液体中传播的超声波波型是 （　　　）

a. 纵波　　　　　　　　　　　　　　　　b. 横波

c. 板波　　　　　　　　　　　　　　　　d. 表面波

e. a 和 b

29. 超声波传播过程中，遇到尺寸与波长相当的障碍物时，将发生 （　　　）

a. 只绕射，无反射　　　　　　　　　　　b. 既反射，又绕射

c. 只反射，无绕射　　　　　　　　　　　d. 以上都可能

30. 超声波垂直入射到异质界面时，反射波与透过波声能的分配比例取决于 （　　　）

a. 界面两侧介质的声速　　　　　　　　　b. 界面两侧介质的衰减系数

c. 界面两侧介质的声阻抗　　　　　　　　d. 以上全部

31. 下列哪种方法可增大超声波在粗晶材料中的穿透能力 （　　　）

a. 用直径较小的探头进行检验　　　　　　b. 用频率较低的纵波进行检验

c. 将接触法检验改为液浸法检验　　　　　d. 将纵波检验改为横波检验

32. 在金属材料的超声波检测中使用最多的频率范围是 （　　　）

a. $1\sim5MHz$　　　　　　　　　　　　　b. $2.5\sim5MHz$

c. $1\sim15MHz$　　　　　　　　　　　　d. $2\sim8MHz$

33. 在小工件中，声波到达底面之前，由于声束扩散，在试件侧面可能产生 （　　　）

a. 多次底面反射　　　　　　　　　　　　b. 多次界面反射

c. 波型转换　　　　　　　　　　　　　　d. 入射声能的损失

34. 横波探伤最常用于 （　　　）

a. 焊缝、管材探伤　　　　　　　　　　　b. 薄板探伤

c. 探测厚板的分层缺陷　　　　　　　　　d. 薄板测厚

35. 液浸探伤时，需要调整探头和被检零件表面之间的距离（水距），使声波在水中的传播时间 （　　　）

a. 等于声波在工件中的传播时间　　　　　b. 大于声波在工件中的传播时间

c. 小于声波在工件中的传播时间　　　　　d. 以上都不对

36. 超声波从水中通过曲表面进入金属工件时，声束在工件中将 （　　　）

a. 具有对称型速度

b. 具有入射纵波的速度

c. 不受零件几何形状影响

d. 收敛（如果工件表面为凹面）或发散（如果工件表面为凸面）

37. 超声波在介质中的传播速度主要取决于 （　　　）

  a. 脉冲宽度   b. 频率

  c. 探头直径   d. 超声波通过的材质和波型

38. 探伤面上涂敷耦合剂的主要目的是 （　　　）

  a. 防止探头磨损   b. 消除探头与探测面之间的空气

  c. 有利于探头滑动   d. 防止工件生锈

39. 晶片厚度和探头频率是相关的，晶片越厚，则 （　　　）

  a. 频率越低   b. 频率越高

  c. 无明显影响   d. 无对应关系

40. 缺陷反射能量的大小取决于 （　　　）

  a. 缺陷尺寸   b. 缺陷方位

  c. 缺陷类型   d. 缺陷的尺寸、方位、类型

41. 超声波探伤中最常用的换能器是利用 （　　　）

  a. 磁致伸缩原理   b. 压电原理

  c. 波型转换原理   d. 上述都不对

42. 由发射探头发射的超声波，通过试件传递后再由另一接收探头接收的检验方法为 （　　　）

  a. 表面波法   b 斜射法

  c. 穿透法   d. 直射法

43. 工件内部裂纹属于面积型缺陷，最适宜的检测方法应该是 （　　　）

  a. 超声波检测   b. 渗透检测

  c. 目视检测   d. 磁粉检测

  e. 涡流检测   f. 射线检测

44. 工业射线照相检测中常用的射线有 （　　　）

  a. X 射线   b. α 射线

  c. 中子射线   d. γ 射线

  e. β 射线   f. a 和 d

45. 射线检测法适用于检验的缺陷是 （　　　）

  a. 锻钢件中的折叠   b. 铸件金属中的气孔

  c. 金属板材中的分层   d. 金属焊缝中的夹渣

  e. b 和 d

46. X 射线照相检测工艺参数主要是 （　　　）

  a. 焦距   b. 管电压

  c. 管电流   d. 曝光时间

  e. 以上都是

47. X 射线照相的主要目的是 （　　　）

  a. 检验晶粒度   b. 检验表面质量

  c. 检验内部质量   d. 以上全是

48. 工件中缺陷的取向与 X 射线入射方向 （　　　） 时，在底片上能获得最清晰的缺陷影像 （　　　）

a. 垂直   b. 平行

c. 倾斜 45°   d. 都可以

49. 下面哪一条不是液体渗透试验方法的优点（　　　）

    a. 这种方法可以发现各种缺陷

    b. 这种方法原理简单，容易理解

    c. 这种方法应用比较简单

    d. 用这种方法检验的零件尺寸和形状几乎没有限制

50. 能够进行磁粉探伤的材料是（　　　）

    a. 碳钢   b. 奥氏体不锈钢

    c. 黄铜   d. 铝

51. 下列哪一条是磁粉探伤优于渗透探伤的地方（　　　）

    a. 能检出表面夹有外来材料的表面不连续性

    b. 对单个零件检验块

    c. 可检出近表面不连续性

    d. 以上都是

52. 下列哪种材料能被磁化（　　　）

    a. 铁   b. 镍

    c. 钴   d. 以上都是

53. 适合于磁粉探伤的零件是（　　　）

    a. 静电感应强   b. 铁磁性材料

    c. 有色金属   d. 电导体

54. 磁粉检验是一种无损检测方法，这种方法可以用检测（　　　）

    a. 表面缺陷   b. 近表面缺陷

    c. 以上都是   d. 材料分选

55. 检测钢材表面缺陷最方便的方法是（　　　）

    a. 静电法   b. 超声法

    c. 磁粉法   d. 射线法

56. 磁粉探伤对哪种缺陷不可靠（　　　）

    a. 表面折叠   b. 埋藏很深的孔洞

    c. 表面裂纹   d. 表面缝隙

57. 下列哪种缺陷能被磁粉探伤检验出来（　　　）

    a. 螺栓螺纹部分的疲劳裂纹   b. 钢质弹簧板的疲劳裂纹

    c. 钢板表面存在的裂纹和折叠   d. 以上都是

58. 下列哪种缺陷能用磁粉探伤检出（　　　）

    a. 钢锭中心的缩孔   b. 双面焊的未焊透

    c. 钢材表面裂纹   d. 钢板内深为 20mm 的分层

59. 磁粉检测技术利用的基本原理是（　　　）

    a. 毛细现象   b. 机械振动波

    c. 漏磁场   d. 放射性能量衰减

60. 一般认为，在什么情况下磁粉探伤方法优于渗透探伤方法（　　　）

    a. 受腐蚀的表面　　　　　　　　　b. 阳极化的表面

    c. 涂漆的表面　　　　　　　　　　d. a 和 c

61. 磁粉检测中应用的充磁检验的方法主要是（　　　）

    a. 连续法　　　　　　　　　　　　b. 剩磁法

    c. 以上都是

62. 荧光磁粉检测需要（　　　）

    a. 在太阳光下观察　　　　　　　　b. 在白炽灯下观察

    c. 在黑光灯下观察　　　　　　　　d. 以上都可以

63. 铁磁性材料表面与近表面缺陷的取向与磁力线方向（　　　）时最容易被发现：

    a. 垂直　　　　　　　　　　　　　b. 平行

    c. 倾斜 45°　　　　　　　　　　　d. 都可以

64. 涡流检测法最常用于（　　　）

    a. 结构陶瓷材料　　　　　　　　　b. 黑色金属材料

    c. 有色金属材料　　　　　　　　　d. 石墨材料

    e. b 和 c

65. 在涡流检测中，标准试块可用于（　　　）

    a. 保证仪器调整的重复性与可靠性　　b. 精确校准缺陷深度

    c. 降低对震动的敏感性　　　　　　d. 测量试验频率

66. 涡流检测技术利用的基本原理是（　　　）

    a. 毛细现象　　　　　　　　　　　b. 机械振动波

    c. 电磁感应　　　　　　　　　　　d. 放射性能量衰减

67. 涡流检测常用的检测方式是（　　　）

    a. 穿过式线圈法　　　　　　　　　b. 探头式线圈法

    c. 内探头线圈法　　　　　　　　　d. 以上都是

68. 对下述工件可采用涡流检测的是（　　　）

    a. 铝合金锻件的热处理质量　　　　b. 碳钢的材料分选

    c. 导电材料的表面缺陷　　　　　　d. 以上都可以

69. 目视检查可以使用的方法包括（　　　）

    a. 放大镜　　　　　　　　　　　　b. 直接目视

    c. 光学内窥镜　　　　　　　　　　d. 以上都可以

70. 对于工件表面腐蚀，在可能的情况下最好采用（　　　）检测方法

    a. 超声波检测　　　　　　　　　　b. 渗透检测

    c. 目视检测　　　　　　　　　　　d. 磁粉检测

    e. 涡流检测　　　　　　　　　　　f. 以上都可以

71. 发现探伤仪调整不正确时（　　　）

    a. 合格材料应重新检验

    b. 不合格材料应重新检验

    c. 全部材料都应重新检验

　　　d. 自上次调整后检验的所有材料都应重新检验

72. 漏检率和误检率是用来表示探伤仪的什么指标（　　　）
　　　a. 灵敏度　　　　　　　　　　　　b. 效率
　　　c. 分辨率　　　　　　　　　　　　d. 可靠性

73. 俗称六大常规工业无损检测方法之一的是（　　　）
　　　a. 激光全息检测　　　　　　　　　b. 中子射线检测
　　　c. 涡流检测　　　　　　　　　　　d. 声发射检测
　　　e. 红外热成像检测　　　　　　　　f. 以上都是

74. 经过检测发现存在超出验收标准的缺陷之工件应（　　　）
　　　a. 立即确定报废　　　　　　　　　b. 立即隔离待处理
　　　c. 立即废弃　　　　　　　　　　　d. 按验收规范的规定处理
　　　e. b 和 c

75. 当超声波探伤荧光屏上出现单独一个光波时，最可能的缺陷性质是（　　　）
　　　a. 未焊透　　　　　　　　　　　　b. 夹渣
　　　c. 裂纹　　　　　　　　　　　　　d. 气孔

76. X 射线探伤，裂纹在底片上的特征是（　　　）
　　　a. 近圆形黑点　　　　　　　　　　b. 一群黑点
　　　c. 一条黑色的带有曲折的线条　　　d. 没有明确的特征

77. 射线透过物质时强度衰减程度取决于（　　　）
　　　a. 物质的厚度　　　　　　　　　　b. 物质的原子序数
　　　c. 物质的密度　　　　　　　　　　d. 以上都是

78. 下列缺陷中最容易被射线照相发现的是（　　　）
　　　a. 气孔　　　　　　　　　　　　　b. 夹杂
　　　c. 表面裂纹　　　　　　　　　　　d. 未熔合

79. 用下列哪种方法可对工件退磁（　　　）
　　　a. 居里点以上的热处理　　　　　　b. 交流线圈
　　　c. 反向直流磁场　　　　　　　　　d. 以上都可以

80. 使用荧光磁粉的一个优点是（　　　）
　　　a. 需要的设备比较少　　　　　　　b. 检测速度高
　　　c. 容易吸附磁粉　　　　　　　　　d. 费用低

81. 当用穿过式线圈检测棒材时，下列哪种情况最难检出（　　　）
　　　a. 深度为棒材直径 30% 的表面裂纹　b. 直径的 5% 变化
　　　c. 在棒材中心有一个小夹杂物　　　d. 电导率的 10% 变化

82. 当一铁磁性材料的工件放在涡流检测线圈中时，线圈的阻抗将会被工件中哪一种参数所改变（　　　）
　　　a. 电导率　　　　　　　　　　　　b. 尺寸
　　　c. 磁导率　　　　　　　　　　　　d. 以上都是

83. 下列那一种方法不能用在涡流检测中（　　　）
　　　a. 脉冲反射法　　　　　　　　　　b. 阻抗分析法

  c. 相位分析法   d. 调制分析法

84. 指示射线照相质量亦即灵敏度高低的器件是（　　　）

  a. 黑度计   b. 线量计

  c. 透度计   d. 对比试块

85. 采用 γ 射线源进行射线照相时，若要减少射线强度可以（　　　）

  a. 减少焦距   b. 增大焦距

  c. 增加曝光时间   d. 采用快速 X 光胶片

86. 照相上能发现工件中沿射线穿透方向上缺陷的最小尺寸称为（　　　）

  a. 照相反差   b. 照相清晰度

  c. 照相梯度   d. 照相灵敏度

87. 一张质量良好的射线照相必须具备什么条件（　　　）

  a. 适当的黑度和反差   b. 适当的清晰度和一定的灵敏度

  c. 不应有影响观察缺陷的伪像   d. 上述三点都必须具备

88. 钢板厚度为 20mm，表面加强高度为 5mm 的焊接件，在射线照相上能发现直径为 0.5mm 的钢丝透度计，这时的照相灵敏度为（　　　）

  a. 1%   b. 1.5%

  c. 2%   d. 3%

89. 铅箔增感屏对胶片增感的原理为（　　　）

  a. 可见荧光   b. 电子

  c. β 射线   d. 中子射线

90. 在焊缝射线照相上黑度低于周围面积看上去非常明亮的缺陷为（　　　）

  a. 夹钨   b. 夹杂

  c. 咬边   d. 非金属夹杂物

91. 磁粉探伤选择磁粉种类的原则是（　　　）

  a. 与被检表面形成高对比度   b. 与被检表面形成低对比度

  c. 能黏附在被检工件表面上   d. 磁导率越低越好

92. 表面裂纹形成的漏磁场与近表面裂纹形成的漏磁场相比哪个强（　　　）

  a. 表面裂纹形成的强   b. 近表面裂纹形成的强

  c. 两者无区别   d. 上述都不对

93. X 光机技术性能指标中所给定的焦点是指（　　　）

  a. 几何焦点尺寸   b. 光学焦点尺寸

  c. 靶的几何尺寸   d. 电子流尺寸

94. 射线与物质相互作用时通常会产生（　　　）

  a. 光电效应   b. 康普顿效应

  c. 电子对效应   d. 上述三者都是

95. 对口径甚小管件的对接焊缝，射线照相的方式可采用（　　　）

  a. 胶片在内，射线源在外   b. 胶片在外，射线源在内

  c. 胶片和射线源都在外   d. 以上都可以

96. 不同厚度的工件，如都按 2% 灵敏度进行射线照相，则能发现的缺陷绝对尺寸（厚度）

是 （　　　）

a. 相同
b. 厚件中的较小

c. 薄件中的较小
d. 中等厚件中的较小

97. 下面哪种缺陷不适用于着色检验 （　　　）

a. 锻件中的偏析
b. 弧坑裂纹

c. 磨削裂纹
d. 非金属夹杂物

e. a 和 d

98. 工件内部裂纹属于面积型缺陷，最适宜的检测方法应该是 （　　　）

a. 超声波检测
b. 渗透检测

c. 目视检测
d. 磁粉检测

e. 涡流检测
f. 射线检测

99. 制备磁悬液时重要的是使磁悬液浓度达到适当值，因为磁粉过多会造成 （　　　）

a. 降低电流的安培数
b. 会遮蔽磁痕

c. 不得不提高磁化电流
d. 以上都不是

100. 有一钢制的高温服役零件，需对它进行检测，最好的方法是 （　　　）

a. UT
b. ET

c. PT
d. RT

e. MT

二、填空题

1. 磁粉探伤主要用于检查 （　　　　） 材料的 （　　　　） 及 （　　　　） 位置缺陷。

2. 磁粉检测法适用于 （　　　　） 性材料。

3. 磁粉探伤是检测铁磁性材料 （　　　　） 及 （　　　　） 缺陷的一种无损检测方法，适用于 （　　　　） 性材料。

4. 在磁粉检测和渗透检测中，通常规定：线性显示是指长度大于（三倍）宽度的显示。

5. 磁粉检测法是通过用磁粉探查 （　　　　） 的存在而发现缺陷的。

6. 荧光磁粉检测和荧光渗透检测都需要使用 （　　　　），其 （　　　　） 光中心波长一般都要求为 （　　　　）。

7. 对于黑色金属材料检查表面裂纹时，最优先考虑的无损检测方法是 （　　　　）。

8. 在磁粉检测法中，根据产生磁力线的方法不同，有 （　　　　） 磁化，（　　　　） 磁化和 （　　　　） 磁化三种方式。

9. 在磁粉检测中，表面或近表面缺陷的取向与磁力线方向 （　　　　） 时，才有最良好的磁痕显示。

10. 涡流检测法利用的是 （　　　　） 原理，涡流检测法适用于 （　　　　） 材料。

11. 涡流检测中的涂层测厚最常见的是利用 （　　　　） 效应。

12. 涡流检测常用的探头主要有 （　　　　），（　　　　），（　　　　） 三种类型。

13. 在涡流检测中测定导电率常用的单位是 （　　　　）。

14. 限制涡流检测法检测材料深度的原因是因为存在 （　　　　）。

15. 超声波检测法是利用超声波在材料中的 （　　　　），（　　　　），（　　　　） 等传播特性变化来发现缺陷的。

16. 超声波检测法利用的超声波属于（　　　　）波。

17. 在工业超声波检测中最常用的超声波波型有（　　　　）波，（　　　　）波，（　　　　）波，（　　　　）波。

18. 在超声检测中，当缺陷的取向与超声波入射方向（　　　　）时，能获得最大的超声波反射。

19. 渗透检测法是根据（　　　　）现象为原理的，渗透检测法适合探查（　　　　）缺陷。

20. 渗透检测法主要采用（　　　　）和（　　　　）两种。

21. 对于有色金属材料检查表面裂纹时，最优先考虑的无损检测方法是（　　　　）。

22. 射线检测利用的放射线属于（　　　　）波，工业射线检测最常采用的射线源是（　　　　）射线和（　　　　）射线。

23. 目前工业γ射线检测最常用的两种γ射线源是（　　　　）和（　　　　）。

24. 铸件内部缺陷最适合采用（　　　　）检测方法。

25. X射线照相检测时的工艺参数最重要的是（　　　　），（　　　　），（　　　　），（　　　　）等。

26. 射线辐射防护的三种基本方式是（　　　　），（　　　　），（　　　　）。

27. 射线照相检测中，缺陷的取向与射线方向（　　　　）时，可在底片上获得最清晰的缺陷影像。

28. 超声检测适合检测（　　　　）型缺陷，而射线检测适合检测（　　　　）型缺陷。

29. 目视检测中最常用的内窥镜主要有（　　　　）和（　　　　）两种类型。

30. 工业上最常用的无损检测方法有（　　　　），（　　　　），（　　　　），（　　　　），（　　　　），（　　　　）六大类，其英语缩写依次为（　　　　），（　　　　），（　　　　），（　　　　），（　　　　），（　　　　）。

三、问答题

1. 对于初级技术资格等级的无损检测人员的要求有哪些以及其职责包括哪些内容？

2. 对于中级技术资格等级的无损检测人员的要求有哪些以及其职责包括哪些内容？

3. 为什么对无损检测人员要有技术资格等级鉴定要求？

4. 对于高级技术资格等级的无损检测人员的要求有哪些以及其职责包括哪些内容？

5. 简述磁粉探伤原理。

6. 渗透探伤的基本原理是什么？

7. 什么是渗透探伤？渗透探伤的优点和局限性是什么？

8. 就磁粉与渗透两种探伤方法而言，其各自的优点是什么？

9. 简述渗透探伤的适用范围以及常用的渗透探伤方法的分类。

10. 简述涡流检测原理。

11. 简述射线照相检验法的原理。

12. 试比较 MT 和 PT 的优缺点。

13. 什么是目视检验？

14. 超声波检测是利用了超声波的哪些特性？

15. 简单解释什么叫压电效应？

16. 简单解释 X 射线与 γ 射线在来源上有什么不同？

17. 为何要对各类产品制定相应的探伤工艺规程？

18. 什么叫"无损检测"？无损检测的目的是什么？常用的无损检测方法有哪些？

19. 用焦点尺寸为 $\phi3$ 的 X 射线透照 40mm 的钢材焊缝，采用 600mm 的焦距，问几何不清晰度为多少？若底片上能观察到的像质计最小直径为 0.63mm，问灵敏度为多少？

20. 某工件厚度 $T = 240mm$，测得第一次底波为屏高的 90%，第二次底波为 15%，如忽略反射损失，试计算该材料的衰减系数？

21. 不锈钢与碳钢的声阻抗差约为 1%，试计算声波由不锈钢进入碳钢时，复合界面上的声压反射率？

22. 硬磁材料和软磁材料有什么区别？

23. 我国无损检测的标准体系包括哪几种方法和哪几个方面的标准？（每种无损检测方法的标准体系应包括哪几个方面的标准？）

24. 对右图所示的轴类工件进行连续法轴向磁化探伤，磁化电流定为 $I = 10D$，已知 $D_A = 70mm$，$D_B = 100mm$，$D_C = 40mm$，问磁化电流各为多少安培？应按怎样的顺序进行探伤？为什么？

25. 对焊缝而言，采用射线照相与超声波检测各有什么优缺点？

26. 简述常规破坏性试验与无损检测的区别与联系？

27. 在机械产品的制造和使用中，无损检测技术可以发挥什么作用？目前无损检测技术已经在哪些方面得到了广泛的应用？

28. 什么是光电效应、康普顿效应和电子对生成效应？

29. 提高质量、改进工艺性的探伤应安排在什么时候？

30. 铸铁材料能否用超声波探伤？为什么？对粗晶材料如果用超声检测应采取哪些措施？

答　案

一、选择题

1. a	2. d	3. a	4. d	5. c	6. e	7. d	8. d
9. e	10. c	11. d	12. c	13. a	14. a	15. d	16. a
17. c	18. b	19. a	20. d	21. c	22. c	23. d	24. d
25. c	26. a	27. b	28. a	29. b	30. c	31. b	32. c
33. c	34. a	35. b	36. d	37. d	38. b	39. a	40. d
41. b	42. c	43. a	44. f	45. e	46. e	47. c	48. b
49. a	50. a	51. d	52. d	53. b	54. c	55. c	56. c
57. d	58. c	59. c	60. c	61. c	62. c	63. a	64. e
65. a	66. c	67. c	68. d	69. d	70. c	71. c	72. d
73. c	74. b	75. d	76. c	77. c	78. d	79. a	80. b
81. c	82. d	83. a	84. c	85. b	86. d	87. c	88. c
89. b	90. a	91. a	92. a	93. b	94. d	95. c	96. c
97. e	98. a	99. b	100. b				

二、填空题

1. RT 用的试块是（透度计），UT 用的试块是（对比试块或标准试块），MT 用的试块是（A 型试块），ET 用的试块是（对比试块和标准试块），PT 用的试块是（不锈钢镀铬辐射裂纹试块或铝合金对比试块）。

2. 影响射线衰减的原因是（散射和吸收），影响超声波衰减的原因是（散射、吸收、扩散）。

3. 磁粉探伤是检测铁磁性材料（表面）及（近表面）缺陷的一种无损检测方法，适用于（铁磁）性材料。

4. 在磁粉检测和渗透检测中，通常规定：线性显示是指长度大于（三倍）宽度的显示。

5. 磁粉检测法是通过用磁粉探查（铁磁性材料表面漏磁通）的存在而发现缺陷的。

6. 荧光磁粉检测和荧光渗透检测都需要使用（黑光灯），其（紫外）光中心波长一般都要求为（3650Å）。

7. 对于黑色金属材料检查表面裂纹时，最优先考虑的无损检测方法是（MT）。

8. 在磁粉检测法中，根据产生磁力线的方法不同，有（周向）磁化，（纵向）磁化和（复合）磁化三种方式。

9. 在磁粉检测中，表面或近表面缺陷的取向与磁力线方向（垂直）时，才有最良好的磁痕显示。

10. 涡流检测法利用的是（电磁感应）原理，涡流检测法适用于（导电）材料。

11. 涡流检测中的涂层测厚最常见的是利用（提离）效应。

12. 涡流检测常用的探头主要有（穿过线圈式），（探头式线圈），（插入式线圈）三种类型。

13. 在涡流检测中测定导电率常用的单位是（国际退火铜标准-%IACS）。

14. 限制涡流检测法检测材料深度的原因是因为存在（趋肤效应）。

15. 超声波检测法是利用超声波在材料中的（反射），（折射），（透射）等传播特性变化来发现缺陷的。

16. 超声波检测法利用的超声波属于（机械振动）波。

17. 在工业超声波检测中最常用的超声波波型有（纵）波，（横）波，（表面）波，（板）波。

18. 在超声检测中，当缺陷的取向与超声波入射方向（垂直）时，能获得最大的超声波反射。

19. 渗透检测法是根据（毛细）现象为原理的，渗透检测法适合探查（表面开口）缺陷。

20. 渗透检测法主要采用（荧光渗透检测）和（着色渗透检测）两种。

21. 对于有色金属材料检查表面裂纹时，最优先考虑的无损检测方法是（PT）。

22. 射线检测利用的放射线属于（电磁）波，工业射线检测最常采用的射线源是（X）射线和（γ）射线。

23. 目前工业 γ 射线检测最常用的两种 γ 射线源是（Co60）和（Ir192）。

24. 铸件内部缺陷最适合采用（射线）检测方法。

25. X 射线照相检测时的工艺参数最重要的是（管电压），（管电流），（曝光时间），（焦距）等。

26. 射线辐射防护的三种基本方式是（距离防护），（屏蔽防护），（时间防护）。

27. 射线照相检测中，缺陷的取向与射线方向（平行）时，可在底片上获得最清晰的缺陷影像。

28. 超声检测适合检测（面积）型缺陷，而射线检测适合检测（体积）型缺陷。

29. 目视检测中最常用的内窥镜主要有（光纤内视镜）和（电子内视镜）两种类型。

30. 工业上最常用的无损检测方法有（超声波检测），（磁粉检测），（涡流检测），（渗透检测），（射线检测），（目视检测）六大类，其英语缩写依次为（UT），（MT），（ET），（PT），（RT），（VT）。

三、问答题

1. 对于初级技术资格等级的无损检测人员的要求有哪些以及其职责包括哪些内容？

　　答：初级技术资格等级的无损检测人员应基本了解所从事检测方法的原理和实际知识，能够按照中高级人员指定的方法和确定的检测规范正确操作，包括熟悉被检件在检测前必要的预处理及做好原始记录，了解和执行有关安全防护的规则等。

2. 对于中级技术资格等级的无损检测人员的要求有哪些以及其职责包括哪些内容？

　　答：除了具备初级人员水平外，应熟悉该类检测方法的工作原理，实用理论，应用范围和局限性，对其他常规无损检测方法具有基本知识，能够按照检测规范熟练地调整校正与操作检测仪器设备，独立进行检测工作，能正确解释检测结果，熟悉被检件制造与使用过程中可能产生的缺陷情况，按照验收标准评定缺陷，签发检测结果报告，熟悉并执行安全防护规则，而且还能对初级人员进行指导。

3. 为什么对无损检测人员要有技术资格等级鉴定要求？

答：无损检测技术大多采取相对测量与间接测量方法，并由无损检测人员对检测结果做出解释，分析，评定与判断，其中会涉及设备变量，工艺变量和应用变量以及无损检测人员主观因素等诸多因素影响，为了保证无损检测技术能得到正确实施，能够得到可靠准确的检测结果，进行正确的判断和评价，要求无损检测人员应具备和保持一定的技术水平和实践经验，应能在统一的标准或规范下，使用标准化的检测设备和检测材料，正确实施无损检测，获得相同的，能复现的检测结果，尽可能防止错误的检测与判断，特别是无损检测与常规的破坏性试验最大的区别在于后者仅是对被破坏试验的试样负责，而前者要直接对所检测的产品负责，因此对无损检测人员进行定期的技术资格等级鉴定考核，确认其是否具备相应的技术水平要求，是非常必要的。

4. 对于高级技术资格等级的无损检测人员的要求有哪些以及其职责包括哪些内容？

答：对于高级技术资格等级的无损检测人员，主要要求：

（1）能较熟练地掌握有关条例，规程，标准和技术规范。

（2）具有较全面的金属材料，产品制造工艺与产品设计应用等方面的基础知识。

（3）具有全面的无损检测知识，能系统掌握该种无损检测方法的理论和技术，并具有丰富的实践经验。

（4）具备综合分析，解决重大或复杂的无损检测技术问题的能力。

（5）能从事无损检测技术管理和培训考核的工作，其技术职责主要包括：

1）编制检测方案，协助制定验收标准。

2）解释检测结果，审核签发检测报告，仲裁中级和初级无损检测人员对检测结论的技术争议。

3）指导检查中级和初级无损检测人员的工作，培训考核中级和初级无损检测人员。

4）协助制定和监督执行安全防护措施。

5. 简述磁粉探伤原理

答：有表面和近表面缺陷的工件磁化后，当缺陷方向和磁场方向成一定角度时，由于缺陷处的磁导率的变化使磁力线逸出工件表面，产生漏磁场，可以吸附磁粉而产生磁痕显示。

6. 渗透探伤的基本原理是什么？

答：渗透探伤的基本原理是利用毛细管现象使渗透液渗入表面开口缺陷，经清洗使表面上多余渗透剂去除，而使缺陷中的渗透剂保留，再利用显像剂的毛细管作用吸附出缺陷中的余留渗透剂，而达到检验缺陷的目的。

7. 什么是渗透探伤？渗透探伤的优点和局限性是什么？

答：用黄绿色荧光渗透液或有色非荧光渗透液渗入表面开口缺陷的缝隙中去，经过清洗，显像，显示缺陷存在，这种方法称为渗透探伤。渗透检验的优点是设备和操作简单，缺陷显示直观，容易判断，局限性是只能检查非多孔性材料的表面开口缺陷，应用范围较窄。

8. 就磁粉与渗透两种探伤方法而言，其各自的优点是什么？

答：磁粉探伤的优点是：

（1）对铁磁性材料检测灵敏度高。（2）无毒害。（3）可检查铁磁性材料近表面（不开口）缺陷。（4）操作简单，效率高。

渗透探伤的优点是：（1）检查对象不受材质限制。（2）不受缺陷方向影响。（3）不受被检工件几何形状影响。（4）设备简单。

9. 简述渗透探伤的适用范围以及常用的渗透探伤方法的分类。

答：渗透探伤适用于钢铁材料，有色金属材料和陶瓷，塑料，玻璃等非金属材料的表面开口缺陷的检查，尤其是表面细微裂纹的探伤，但不适用于多孔性材料的探伤。常用的渗透探伤方法分类：着色法——水洗型，后乳化型和溶剂清洗型着色渗透探伤，荧光法——水洗型，后乳化型和溶剂清洗型荧光渗透探伤。

10. 简述涡流检测原理。

答：涡流检测是以电磁感应原理为基础的。即检测线圈通以交变电流，线圈子内交变电流的流动将在线圈子周围产生一个交变磁场，这种磁场称为"原磁场"。把一导体置于原磁场中时，在导体内将产生感应电流，这种电流叫做涡流。导体中的电特性（如电阻、磁导率等）变化时，将引起涡流的变化。利用涡流的变化检测工件中的不连续性的方法称为涡流检测原理。

11. 简述射线照相检验法的原理。

答：射线在透照工件时，由于射线能量衰减程度与材料密度和厚度有关，所以有缺陷部位与无缺陷部位对射线能量的吸收不同，因而透过有缺陷部位与无缺陷部位的射线强度不同，在底片上形成的黑度不同，则可通过底片上不同黑度的影像来显示缺陷。

12. 试比较 MT 和 PT 的优缺点。

答：MT：

（1）只适用于铁磁性材料，一般无毒性。（2）可检查表面和近表面开口与不开口的缺陷，检测灵敏度与磁化规范，检测方法，被检材料的磁特性等关系影响较大，磁化方向与缺陷方向有关，并受工件几何形状特性限制。（3）操作简单，效率高，成本低。

PT：（1）适用于非多孔性表面的任何材料，只能检查表面开口型缺陷。（2）不受缺陷方向性和工件几何形状限制的影响。（3）设备器材简单，有一定毒性，操作简单，效率较低，成本较高。

13. 什么是目视检验？

答：目视检验是利用眼睛的视觉或借助辅助工具，仪器，例如放大镜，内窥镜等，进行直接或间接地观察检验物体表面缺陷的无损检测方法，适合于检查物体表面状况，例如整洁程度和腐蚀情况等。

14. 超声波检测是利用了超声波的那些特性？

答：（1）波长短，直线传播，有良好的指向性。（2）在异质界面上会发生反射，折射，波型转换。（3）在介质中还会发生衍射与散射，衰减，谐振，声速变化。（4）能在固体和液体中传播。

15. 简单解释什么叫压电效应？

答：某些物体在承受压力时，在其表面上会产生电荷集聚的现象，称为正压电效应，相反，这样的物体被放在电场中时，它自身会发生形变，称为逆压电效应，压电效应是可逆的。

16. 简单解释 X 射线与 γ 射线在来源上有什么不同？

答：X 射线是在 X 射线管中，在高压电场作用下使电子高速撞击阳极靶而激发出来的，γ 射线是某些放射性元素的原子核自然裂变而辐射出来的。

17. 为何要对各类产品制定相应的探伤工艺规程？

答：对各类产品制定相应的探伤工艺规程的目的是：作为贯彻执行标准具体化的文件；作为设备器材准备、生产、计划、调度、加工操作和定额计划的依据；作为保证产品质量、提高劳动生产率、降低生产成本的主要手段。

18. 什么叫"无损检测"？无损检测的目的是什么？常用的无损检测方法有哪些？

答：在不破坏产品的形状、结构和性能的情况下，为了了解产品及各种结构物材料的质量、状态、性能及内部结构所进行的各种检测叫做无损检测；无损检测的目的是：改进制造工艺、降低制造成本、提高产品的可靠性、保证设备的安全运行。常用的无损检测方法有：射线检测（RT）、超声波检测（UT）、磁粉检测（MT）、渗透检测（PT）、涡流检测（ET）和目视检测（VT）。

19. 用焦点尺寸为 φ3mm 的 X 射线透照 40mm 的钢材焊缝，采用 600mm 的焦距，问几何不清晰度为多少？若底片上能观察到的像质计最小直径为 0.63mm，问灵敏度为多少？

答：几何不清晰度为 $U_g = d \cdot b / F - b = 3 \times 40 / (600 - 40) = 0.21mm$

灵敏度为 $K = d / T_x 100\% = 0.63 / 40 \times 100\% = 1.6\%$

20. 某工件厚度 $T = 240mm$，测得第一次底波为屏高的 90%，第二次底波为 15%，如忽略反射损失，试计算该材料的衰减系数？

答：衰减系数：$\beta = (20 \lg B_1 / B_2) / 2T = (20 \lg 90 / 15) / 2 \times 240$

$\beta = 0.02 (dB/mm)$

21. 不锈钢与碳钢的声阻抗差约为 1%，试计算声波由不锈钢进入碳钢时，复合界面上的声压反射率？

答：设不锈钢声阻抗为 Z_1，碳钢声阻抗为 Z_2，且 $Z_2 = 1$

$Z_1 = 0.99$　　　r 为声压反射率

$r = Z_2 - Z_1 / (Z_1 + Z_2) = 0.01 / (1 + 0.99) = 0.005 = 0.5\%$

复合界面上的声压反射率为 0.5%。

22. 硬磁材料和软磁材料有什么区别？

答：硬磁材料指磁粉探伤中不易磁化（或难于退磁）的铁磁性材料，其特点是磁滞回线肥胖，具有低磁导率、高磁阻、高剩磁和高矫顽力。软磁材料：是指容易进行磁化的铁磁性材料，其特点是磁滞回线狭窄（相对于硬磁材料而言），具有高磁导率、低磁阻、低剩磁和低矫顽力。

23. 我国无损检测的标准体系包括哪几种方法和哪几个方面的标准？（每种无损检测方法的标准体系应包括哪几个方面的标准？）

[提示] 我国无损检测标准体系可分为（A）基础标准和（B）方法标准两大类：（A）基础标准-如名词术语标准、人员技术资格鉴定标准和无损检测导则等方面的标准；（B）方法标准-如 UT、RT、MT、PT、ET 及新 NDT 方法标准，每一种方法标准又可分为：

（1）仪器性能指标及测试方法标准（包括探头、试块、像质计以及器材、材料等）；

（2）探伤方法标准（包括采用新方法）；

（3）产品质量分级和质量评级标准；

（4）安全防护标准。

24. 对右图所示的轴类工件进行连续法轴向磁化探伤，磁化电流定为 $I = 10D$，已知 $D_A = 70mm$，$D_B = 100mm$，$D_C = 40mm$，问磁化电流各为多少安培？应按怎样的顺序进行探伤？为什么？

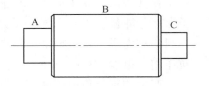

答：$I_A = 70 \times 10 = 700A$；$I_B = 100 \times 10 = 1000A$；

$I_C = 40 \times 10 = 400A$。

为了防止磁粉附着造成假象，应按先 C 后 A 再 B 的顺序进行磁化和检查。

25. 对焊缝而言，采用射线照相与超声波检测各有什么优缺点？

答：两种方法的检测机理不同，各具特点：X、γ 射线对体积型缺陷敏感，但对线状缺陷，特别是厚板中细小的未焊透（熔入不足）或微裂纹等难于发现，而超音波对线状缺陷敏感，却对点状缺陷的定量不容易定准；射线照像对工件表面要求不高，它是通过底片来评价焊接质量的，其特点是直观且易于定性和存档，但难于确定深度方向的尺寸，而超音波检测对检测面的要求较严格，它是通过荧光屏上的波形来评价缺陷的，其特点是易于确定深度，但不直观且不易存档，定性要经综合判断，检测人员应素质好和责任心强；射线对人体有害，故要防护，且要耗费大量的胶片和药品，检测费用较高，而超音波对人体无害，且检测费用较低；射线能检测粗晶材料（如奥氏体焊缝等），而超音波检测此类材料困难。

26. 简述常规破坏性试验与无损检测的区别与联系？

答：常规破坏性试验，例如金相分析，化学分析，力学性能试验等，俗称理化试验，是对试样进行破坏性试验，试验后的试样不再能用于实际应用，因此只能采取抽样检测，它是根据破坏性试验的结果以概率评估成批产品的质量情况，而它的试验结果仅对所进行的试样负责。无损检测是直接对产品进行非破坏性检测，直接评估所检测对象的质量情况，直接对所检测对象负责，可以实现百分之百检测。为了确认无损检测的可靠性以及对缺陷的特性分析，以确保无损检测的正确性，在确定无损检测方案与验收标准前，往往需要进行一定的破坏性试验以验证无损检测结果。

27. 在机械产品的制造和使用中，无损检测技术可以发挥什么作用？目前无损检测技术已经在哪些方面得到了广泛的应用？

[提示]：（1）在机械产品的制造和使用过程中，无损检测能事先检测出各种隐患缺陷，防患于未然。目前，无损检测在汽车、拖拉机、内燃机、铁道机车、锅炉压力容器、重型机械、化工机械、航天航空、造船、兵工、电力、核能、海上石油钻井平台、石油化工等各个工业部门都获得了广泛的应用，成为这些部门制造过程中不可缺少的工艺流程的重要工序之一，以及在役监测的重要手段之一；

（2）目前的无损检测已在 UT、RT、MT、PT、ET、VT、AT、LT、NRT 等多种无损检测方法方面获得了广泛的应用。

28. 什么是光电效应、康普顿效应和电子对生成效应？

答：光电效应-当一个光子与物质的原子相互作用时，光子将其全部能量给予一个轨道电子，这个光子整个被吸收，电子获得光子能量脱离原子而运动，称为光电子，失去了电子的原子即被电离，这一现象称为光电效应；康普顿效应-当入射光子与电子发生弹性碰撞，光子失去部分能量，改变了原来运动方向，称为散射线，电子获得光子那部分能量，以与入射光子方向成小于90℃角的某一角度射出，称为反冲电子，这一现象称为康普顿散射效应；电子对生成效应-当入射光子能量大于1.022MeV时与物质作用，可能产生一对正、负电子（电子-正电子对），入射光子失去全部能量而消失，产生的正、负电子对在不同方向飞出，这一现象称为电子对生成效应。

29. 提高质量、改进工艺性的探伤应安排在什么时候？

答：应安排在预期发生缺陷的工序后和同类工件产生缺陷的某工序后。

30. 铸铁材料能否用超声波探伤？为什么？对粗晶材料如果用超声检测应采取哪些措施？

答：铸铁材料不能用超声波探伤，因为铸铁件一般晶粒粗大，超声波在晶粒的晶界会产生较大的反射，在显示器上出现强度较高的草状回波信号，干扰缺陷信号的判断。对粗晶材料如果用超声检测，一般采取降低频率，提高波长的手段来实现。

参 考 文 献

[1] 金宇飞. 面对工业 4. 0 的中国无损检测 [J]. 无损检测，38，2016（5），58~62.

[2] 沈建中. 努力推进我国无损检测事业的发展 [J]. 无损检测，26，2004（1），2~4.

[3] 李家伟. 无损检测的内涵演变及其在质量控制中的作用 [J]. 航空材料学报，23，2003（10）：205~208.

[4] 任志强，赵杰，张宗林. 无损检测及质量控制 [J]. 国防技术基础，2010（8）：20~23.

[5] 张伟民. 无损检测技术在国防建设工程质量监督与控制中的应用与发展 [J]. 工程质量，2001（5）：24~25.

[6] 曾祥照. 无损检测文化概论 [J]. 无损探伤，2002（2）：34~37.

[7] 沈功田. 中国无损检测与评价技术的进展 [J]. 17th WCNDT 大会主题报告，30，2008（11）：787~793.

[8] 张俊哲，等. 无损检测技术及应用 [M]. 北京：科学出版社，1993.

[9] 李孟喜. 无损检测 [M]. 北京：机械工业出版社，2001.

[10] 刘福顺，汤明. 无损检测基础 [M]. 北京：北京航空航天大学出版社，2002.

[11] 邵泽波. 无损检测技术 [M]. 北京：化学工业出版社，2003.

[12] 王自明. 无损检测综合知识 [M]. 北京：机械工业出版社，2004.

[13] 王跃辉. 目视检测 [M]. 北京：机械工业出版社，2006.

[14] 宋天民. 表面检测 [M]. 北京：中国石化出版社，2012.

[15] 王仲生，万小朋. 无损检测诊断现场使用基础 [M]. 北京：机械工业出版社，2002.

[16] 郑世才. 射线检测 [M]. 北京：机械工业出版社，2004.

[17] 齐海群. 材料分析测试技术 [M]. 北京：北京大学出版社，2011.

[18] 郑世才. 数字射线无损检测技术 [M]. 北京：机械工业出版社，2012.

[19] 史亦韦. 超声检测 [M]. 北京：机械工业出版社，2005.

[20] 中国机械工程学会无损检测分会. 磁粉检测 [M]. 北京：机械工业出版社，2004.

[21] 辽宁省安全科学研究院组编. 磁粉检测 [M]. 沈阳：辽宁大学出版社，2017.

[22] 叶代平，苏李广. 磁粉检测 [M]. 北京：机械工业出版社，2004.

[23] 黄松岭，赵伟. 漏磁成像理论与方法 [M]. 北京：清华大学出版社，2016.

[24] 任吉林，林俊明，等. 金属磁记忆检测技术 [M]. 北京：中国电力出版社，2000.

[25] 徐可北，周俊华. 涡流检测 [M]. 北京：机械工业出版社，2004.

[26] 林猷文，任学冬. 渗透检测 [M]. 北京：机械工业出版社，2004.

[27] 丁守宝，刘福军. 无损检测新技术及应用 [M]. 北京：高等教育出版社，2012.

[28] 沈玉娣，曹军义. 现代无损检测技术 [M]. 西安：西安交通大学出版社，2012.

[29] 杨明纬. 声发射检测 [M]. 北京：机械工业出版社，2005.

[30] 李嘉伟. 无损检测手册 [M]. 北京：机械工业出版社，2011.

[31] 李家伟，陈积懋. 无损检测手册 [M]. 北京：机械工业出版社，2002.

[32] 陈照峰. 无损检测 [M]. 西安：西北工业大学出版社，2015.

[33] 邵泽波，刘兴德. 无损检测 [M]. 北京：化学工业出版社，2011.

[34] 施克仁. 无损检测新技术 [M]. 北京：清华大学出版社，2007.

[35] 刘贵民，马丽丽. 无损检测技术 [M]. 北京：国防工业出版社，2010.

[36] 刘贵民. 无损检测技术 [M]. 北京：国防工业出版社，2006.

[37] 任吉林，林俊明. 电磁无损检测 [M]. 北京：科学出版社，2008.

[38] 夏纪真. 无损检测导论 [M]. 广州：中山大学出版社，2010.

［39］ 夏纪真，王冰. 工业无损检测 ［M］. 广州：中山大学出版社，2017.

［40］ 任吉林，林俊明，徐可北. 涡流检测 ［M］. 北京：机械工业出版社，2013.

［41］ 沈玉娣. 现代无损检测技术 ［M］. 西安：西安交通大学出版社，2012

［42］ 郑世才. 数字射线无损检测技术 ［M］. 北京：机械工业出版社，2012.

［43］ 丁守宝，刘富君. 无损检测新技术及应用 ［M］. 北京：高等教育出版社，2012.

［44］ 黄松岭. 电磁无损检测新技术 ［M］. 北京：清华大学出版社，2014.

［45］ 潘孟春. 涡流热成像检测技术 ［M］. 北京：国防工业出版社，2013.

［46］ Georgeson G, Lea S, Hansen J. Electronic taphammer for composite damage assessment ［J］. Non-destructive Evaluation of Aging Aircraft, Airports, and Aerospace Hardware, SPIE, 1996, 2945: 3~5.

［47］ 林俊明，林春景，林发炳，等。基于磁记忆效应的一种无损检测新技术 ［J］. 无损检测，22，2000（7）：297~299.

［48］ 乔朋飞. 工业管道检验中的无损检测新技术 ［J］. 技术应用与研究，2018（2）：47~48.

［49］ 杨文钗，杨华，吴晓丹，等。焊缝超声波无损检测新技术的研究进展 ［J］. 江西建材，2017（13）：244~247.

［50］ 张喜福。无损检测新技术及其在焊接质量检测中的应用 ［J］. 科学技术创新，2018（19）：177~178.

［51］ 张丽娜，赵衍华，朱瑞灿，等. 2219 铝合金搅拌摩擦焊焊缝相控阵超声波无损检测 ［J］. 焊接，2016（7）：44~47.

［52］ 褚亮、任会兰，龙波，等. 陶瓷材料破坏过程中的声发射源定位方法 ［J］. 兵工学报，2014（11）：1828~1834.

［53］ 声振检测方法的发展史. 中国检测网 http：//url. alibaba. com/r/aHRocDovL3d3dy5jaGluYXRic3RpbmcuY29tLMNu。